工业硅炉外吹气与造渣精炼提纯新技术

伍继君　马文会　魏奎先　著

北　京

冶金工业出版社

2023

内 容 提 要

　　本书介绍了工业硅的生产技术，重点介绍了吹气精炼、造渣精炼、氯化物熔盐精炼以及吹气—造渣联合精炼提纯工业硅的新方法与新技术，从精炼提纯的基本原理、反应热力学与反应动力学角度论述了工业硅炉外吹气与造渣精炼去除杂质，特别是杂质硼的优势以及研究进展。

　　本书可供工业硅生产企业技术人员、科研院所研究人员阅读，也可供大中专院校相关专业的师生参考。

图书在版编目（CIP）数据

　　工业硅炉外吹气与造渣精炼提纯新技术/伍继君，马文会，魏奎先著.
—北京：冶金工业出版社，2021.9（2023.9 重印）
　　ISBN 978-7-5024-8899-4

　　I.①工… Ⅱ.①伍… ②马… ③魏… Ⅲ.①硅—提纯 Ⅳ.①TQ127.2

　　中国版本图书馆 CIP 数据核字（2021）第 172066 号

工业硅炉外吹气与造渣精炼提纯新技术

出版发行	冶金工业出版社	**电　话**	（010）64027926
地　址	北京市东城区嵩祝院北巷 39 号	**邮　编**	100009
网　址	www.mip1953.com	**电子信箱**	service@mip1953.com

责任编辑　郭雅欣　美术编辑　吕欣童　版式设计　郑小利
责任校对　梁江凤　责任印制　窦　唯
北京印刷集团有限责任公司印刷
2021 年 9 月第 1 版，2023 年 9 月第 2 次印刷
710mm×1000mm　1/16；13.25 印张；257 千字；203 页
定价 **78.00** 元

投稿电话　（010）64027932　投稿信箱　tougao@cnmip.com.cn
营销中心电话　（010）64044283
冶金工业出版社天猫旗舰店　yjgycbs.tmall.com
（本书如有印装质量问题，本社营销中心负责退换）

前　言

　　工业硅是光伏用硅、有机硅、硅基合金等行业的基础原材料。我国硅资源丰富，工业硅在产业规模和工艺装备方面不断提升和优化，工业硅电炉正向大容量规模扩充，自动化水平也逐年提高。近年来我国工业硅产业规模快速增长，2019年我国工业硅有效产能350万吨，年产量达到240万吨，分别占到全球总量的78.4%和68.2%，新疆、云南、四川三省工业硅产能占比超过68%，产量占比接近75%。工业硅又称金属硅，是由硅石和碳质还原剂在矿热炉内冶炼成的产品，主成分硅元素的含量在98%以上，其余杂质为铁、铝、钙等。因其用途不同而划分为多种规格，如冶金级硅和化学级硅，按照工业硅中铁、铝、钙含量的不同，可将工业硅分为553、441、411、421、3303、3305、2202、2502、1501、1101等不同牌号。随着光伏行业、有机硅行业等对原材料要求的不断提高，高品质工业硅的生产逐渐受到行业人员的青睐。

　　吹气与造渣是目前工业硅炉外精炼生产过程采用的主要方法，工业硅经过矿热电炉冶炼后在硅抬包中进行炉外精炼。工业硅厂现有炉外精炼技术较为简单，采用吹压缩空气或氧气的办法尽管可以去除一部分金属杂质如铝、钙等，但精炼的效果十分有限。针对目前工业硅炉外精炼技术的现状，本书作者所在团队围绕工业硅炉外精炼开展了长期的研究工作，在吹气和造渣精炼方面取得了一系列研究成果。基于此，作者编写了本书。

　　本书基于昆明理工大学伍继君教授团队多年的产学研成果，详细介绍了团队在工业硅炉外精炼领域取得的理论与技术成果，旨在为炉外吹气与造渣精炼新技术在工业硅生产上的应用提供理论和技术依据。希望本书的出版能够对提高我国工业硅产品的技术水平，促进冶金、光伏、有机硅等行业的健康发展起到积极的推动作用。

感谢国家自然科学基金（项目号：51574133、51104080、22078140和21563017）、真空冶金国家工程实验室、云南省硅工业工程研究中心的资助。

本书在编写过程中得到了中国工程院戴永年院士的指导。昆明理工大学伍继君教授课题组的徐敏、贾斌杰、李彦龙、夏振飞、王繁茂、杨鼎、周强等研究生参与了本书的基础研究工作。曹静、王亚辉、韩林君、昝智、曹振等研究生参与了本书的编辑和校稿工作。在此特向所有帮助和支持本书工作的朋友表示由衷的感谢！

由于作者水平所限，书中不足之处，恳请广大读者批评指正。

伍继君　马文会　魏奎先

2021 年 4 月

目　　录

1 绪 论

1.1 硅的物理性质

硅是自然界中分布最广的元素之一，在地壳中含量为 27.7%，仅次于氧，在所有的元素中居第 2 位。自然界中，硅主要以二氧化硅和硅酸盐的形态存在。

硅在元素周期表中属于 ⅣA 族的类金属元素，有无定形和晶体两种同素异形体，已发现硅的同位素共有 12 种，其中主要有 28Si（92.23%）、29Si（4.67%）和 30Si（3.1%）。晶体硅为固体时呈暗灰色，并具有金属光泽、质坚而脆、外观似金属，但化学反应中有更多的显示出非金属性质，导电率介于金属和非金属之间，因此通常被称为半金属。硅的物理性质见表 1-1。

表 1-1 硅的物理性质[1,2]

物理性质	数值	物理性质	数值
原子序数	14	本征载流子浓度/cm^{-3}（室温）	$1.38×10^{10}$
相对原子质量	28.09	电子迁移率/$cm^2 \cdot (V \cdot s)^{-1}$（室温）	1900
原子体积/$cm^3 \cdot mol^{-1}$（20℃）	12.05	空穴迁移率/$cm^2 \cdot (V \cdot s)^{-1}$（室温）	500
晶格常量/nm	0.543053	电子有效质量（300K）	0.98±0.04
原子间距/nm	0.235	禁带宽度/eV（25℃）	1.12
原子半径/nm	0.1175	电导率/$S \cdot cm^{-1}$（固态，近熔点）	1000
密度/$g \cdot cm^{-3}$（20℃）	2.3283	电导率/$S \cdot cm^{-1}$（液态，近熔点）	12000
单位体积原子个数/cm^3	$4.96×10^{22}$	超导转变温度/K（1GPa）	12
沸点/℃	2355	莫氏硬度	7
熔点/℃	1412	表面张力/$mN \cdot m^{-1}$（99.995%，Ar）	825（1450℃）
熔融潜热/$kJ \cdot mol^{-1}$	47.28	折射率	3.49
比热容/$J \cdot (mol \cdot K)^{-1}$（300K）	20.06	介电常量	11.9
热导率/$W \cdot (mol \cdot K)^{-1}$（300K）	1.31	本征电导率/$\mu S \cdot cm^{-1}$（300K）	3.06

1.2　硅的化学性质

硅在常温下不活泼，其主要的化学性质如下文所述。

1.2.1　与非金属作用

加热时，能与其他卤素反应生成卤化硅，与氧反应生成 SiO_2：

$$Si + 2X_2 = SiX_4(X = Cl，Br，I) \tag{1-1}$$

$$Si + O_2 = SiO_2 \tag{1-2}$$

在高温下，硅与碳、氮等非金属单质化合，分别生成碳化硅、氮化硅等：

$$Si + C = SiC \tag{1-3}$$

$$3Si + 2N_2 = Si_3N_4 \tag{1-4}$$

1.2.2　与酸作用

硅在含氧酸中被钝化，但与氢氟酸及混合酸反应，生成 SiF_4 或 H_2SiF_6：

$$Si + 4HF = SiF_4\uparrow + 2H_2\uparrow \tag{1-5}$$

$$3Si + 18HF + 4HNO_3 = 3H_2SiF_6 + 4NO\uparrow + 8H_2O \tag{1-6}$$

1.2.3　与碱作用

无定形硅能与碱猛烈反应生成可溶性硅酸盐，并放出氢气：

$$Si + 2NaOH + H_2O = Na_2SiO_3 + 2H_2\uparrow \tag{1-7}$$

1.2.4　与金属作用

硅可与大多数熔融金属互溶，并生成多种相应的金属硅化物。

1.3　硅　的　应　用

目前，冶金级硅主要用于生产有机硅、制取高纯度的半导体材料以及配制有特殊用途的合金等。

（1）生产硅橡胶、硅树脂、硅油等有机硅，硅橡胶弹性好、耐高温，用于制作医疗用品、耐高温垫圈等，硅树脂用于生产绝缘漆、高温涂料等。

（2）高纯硅生产的重要原料。高纯硅是重要的光电转换材料，在单晶硅中掺入微量的第ⅢA 族元素，形成 P 型硅半导体；掺入微量的第 VA 族元素，形成 N 型硅半导体，N 型和 P 型半导体结合在一起，可做成太阳能电池，将光能转化为电能。

（3）超高纯电子级硅是重要的半导体材料，用于制作晶体管和各种集成电路。

（4）配制合金。硅常被用来配制合金如铝硅合金，铝硅合金是在冶金行业用量最大的硅合金，它是一种强复合脱氧剂，在炼钢过程中代替纯铝可提高脱氧剂的利用率，并可以达到净化钢液，提高钢材品质的目的。

1.4 工业硅生产技术

生产工业硅的原料主要有硅石、碳素电极或石墨电极和碳质还原剂（包括低灰分烟煤、石油焦、半焦、木炭、玉米芯或木块、椰壳、松塔、甘蔗渣等）。原料的精选和称量是生产出合格产品，提高优级品率的关键环节。

工业硅生产的工艺流程包括炉料准备、电炉熔炼、硅的浇铸和为了除掉熔渣夹杂而进行的破碎。在配制炉料之前，全部原料都要进行一定的处理，石英或硅石在颚式破碎机中破碎到块度不大于 80mm，筛出小于 20mm 的碎块。因为熔炼中这种碎块在炉膛上部熔融，降低了炉料的透气性，而使生产过程难以进行。石油焦有较高的导电系数，因其在炉膛上口直接燃烧，会造成还原剂不足，要破碎到块度不大于 15mm，筛出 2mm 以下的碎焦。木炭破碎到 80mm，碎木炭和碎焦的行为类似，因此小于 5mm 的碎末应筛出。准备好各组分的炉料，运到配料工段料仓，这里设有各种原料的贮仓。炉料组成的计算如下：每 100kg 硅石或石英多配入超过理论必需量 10%~15% 的还原剂；炉料各组分经称量后，分层加到带式集矿输送机上，最轻的料放在最下层，以使炉料混合均匀，制备好的炉料用专门的下料管或自行加料机加到炉内。所有制备炉料的作业都是自动操作，配料工段的工作由调度室操纵台控制。电热法生产硅采用的电炉与电热法生产铝硅合金所用的一样。苏联在工业硅和硅铝合金生产中，使用容量为 15000~35000kVA 的电炉。由于炉膛上部必须进行周期性的加工，因此这种炉子设计成敞开式，炉体呈圆形并设有围绕炉子中心线旋转的转动机构，炉体旋转的结果，可使耐火炉衬得到更均匀的热负荷，而且可大大减少炉膛内烧结块的数量。炉壳的金属外壳内砌有耐火砖和预焙炭块。当炉子的几何参数和熔炼的电制度选择得合适时，炉膛内总是形成并保持一层结壳，它可起到保护炉衬不被破坏的作用。敞开式电炉设有集气罩，集气罩用挡板密闭起来，在必要时能够打开挡板。在正常生产情况下，挡板几乎全部遮蔽炉子，能大大减少空气的吸入量。集气罩不仅要经受电磁力和高温的作用，还要经受侵蚀性物质的化学作用。因此，它要由无磁性、耐热、化学稳定的优质钢制成。集气罩盖上接有排烟系统的烟道，还有预留出的供电极在多数情况下供下料管通过的孔。

在矿热电炉结构中，电极夹是最复杂的部件。电极夹用于保证导电夹板和电极间的电接触；在炉内按需要夹持住并根据电极氧化消耗程度实现电极下放。电极夹要经受热、机械和化学作用以及电磁力的作用，在很大程度上它的好坏决定着电炉的可靠性和工作寿命。电极夹对自焙电极应能保证导电夹可连续移动。导电夹应有有效的水冷，这种水冷可以使导电接触夹板和压紧环一起在炉膛上口表面附近上下移动，不致遭受热的破坏。导电夹由导电合金，通常由铜基合金制成，并用水冷却。导电夹的压紧装置可以采用螺栓、弹簧或液压装置。在接触夹板压紧电极时，为了承受径向力，采用了专门的水冷圆环。为了把持住电极和实现压放电极作业，在炉子结构中设有两个带有风压或液压驱动装置的压紧圆环。这些圆环的结构形状与接触夹板压紧装置相类似。

电炉内硅的还原过程是连续的，炉料随着熔炼过程中的消耗不断下沉，硅经过溜口从炉内连续放出。在现有条件和熔炼制度下，电炉内可划出几个具有特点的区域，但在其中的每一个区域内，特别是它们的边界上所产生的反应过程是不能完全分开的[1]。

Ⅰ区——预热区。炉料分批依次加到该区，随着炉料被逐渐加热发生一系列物理化学变化：排出水分和挥发分，石英从一种形态变成另一种形态。接着是石英块碎裂，导致其表面积增大和块度变小，从而形成炉料透气性变坏。在这个区域里，SiO_2 蒸气凝结，有部分还原剂被烧掉。

Ⅱ区——反应区。在这里炉料各组分被强烈加热，并随着向下进入电弧造成的最高温度区，硅从氧化硅中还原出来。

Ⅲ区——炉子结壳区。结壳可防止熔体和产物对炉衬的破坏，并保证热量集中在反应区，结壳区形成一个所谓的坩埚。

Ⅳ区——反应区的继续。由结壳和炉底构成，未反应完的炉料进入该区完成还原反应，熔融硅也聚集在这里。

矿热炉熔炼工业硅的特点是，炉料在预热区快速烧结，出现喷料现象，从而降低炉料的透气性，妨碍炉料向反应区下沉。为维持生产的最佳条件，必须定期强制向反应区下料，这就要对料面进行"加工"。由于这种"加工"对氧化硅的还原过程来说是必需的，因此只好采用敞开式电炉。用专用的自行机械"加工"料面，松动烧结的炉料，然后依次加入一批新料。因松动炉料时损失了热量，所以料面"加工"要力求缩短作业时间，一般不应超过 1~2min。

熔炼时，电流强度和电压间应有一定的比例。电制度的选择应保证在深埋电极的条件下，能在炉膛内建立起必需的温度条件。在这种条件下，炉料被来自反应区的气体均匀加热，从而形成进行还原反应的最适宜条件，炉料向反应区下降得过快或过慢，都表明偏离了正常电制度。如果炉料下降缓慢，可造成炉料软熔的条件，会降低炉料的透气性，从而使气体只好从个别部位冲出。同时反应产物被空气强烈氧化，其特征是出现刺眼的白色火焰。如果炉料下降过快，部分原料在反应区来不及还原，生成复杂组成的熔渣沉于炉底形成结瘤。结瘤过多时，会使过程失调，出硅困难。生产过程操作的主要任务，是保证气体沿整个炉膛上口表面均匀逸出。在电炉正常工作条件下，待上批炉料充分加热变红后，再进行例行的炉面加工。熔炼制度正常时的特征是：沿炉膛上口整个料面均匀地冒出气体，没有猛烈出气的"刺火"和料面烧结变黑的部分，电极埋得深而稳，16500kVA的炉子电极埋入深度为1600~1800mm，电极电流负荷稳定，电压没有出现不平衡现象，熔体从炉口能均匀地排出，排放量与电能和炉料消耗计算值相符，电极周围的炉料堆成圆锥形。

当生产过程的工艺参数选择正确时，熔炼过程如达不到正常，其主要是由于炉料中还原剂的数量与熔炼原料的数量比例不当所致。当还原剂过量时，由于按式（1-8）反应生成SiC，而出现炉底上涨。

$$SiO_2 + 3C \Longrightarrow SiC + 2CO \qquad (1-8)$$

还原剂过量的代表性外部征兆是形成"刺火孔"，炉膛上部燃烧气体的颜色变为暗红色，电极埋入深度减小，电极周围的炉料不烧结而塌落，听得见电弧发出的强大声响，硅从炉内流出时没有熔渣，并比正常工作时的温度低。为排除这些紊乱状况，要更勤地进行料面加工，并减少炉料中还原剂的添加量。在还原剂过剩的情况下长期工作，会导致电炉炉底形成结瘤。为消除结瘤，必须在不加料情况下烘炉，这样则要白白消耗掉大量电能，而且会损坏炉子构件。当炉料中的还原剂不足时会形成高氧化硅的熔渣，因此在电炉炉底也会产生结瘤，此时有代表性的征兆是电极上的电流负荷不均匀，气体从电炉出炉口冲出，电极消耗增大，炉膛上部炉料烧结过度。为了消除这些不正常现象，应增加炉料中还原剂的比例，从出炉口放出炉底形成的熔渣。如果在炉底上已出现结瘤，电炉应干烧一段时间，或者让电炉转到低电压制度下工作。无论电炉的实际工作状态与标准状态有何种差别，都要检查配料是否正确，各组分的块度与工艺规程是否相符，还原剂的计量与其水分的实际含量是否相符。

出硅制度对电炉工作的技术经济指标产生一定影响。硅在炉内聚积时，由于挥发作用，会增大硅的损失，因此要连续出硅。这时必须注意，硅中始终混有一些熔渣，熔渣的沉积缩小了出炉孔，从而使出硅不畅。当放出口被堵塞时，要用带石墨电极的专用设备进行电弧烧穿。硅放注到安装在电动小车上的生铁铸模内或立式铸锭机内。硅锭在发给用户前要破碎，然后在带式输送机上清除熔渣夹杂。由于液态硅与熔渣的密度和熔点很接近，因此液态硅除渣精炼作业很难控制。在目前已知的各种精炼方法中，最有前途的是在可加热装置中澄清熔体的方法。该法目前的净化率是除铝约40%、钙约60%。

1.5 工业硅抬包精炼技术

经电炉熔炼生产的工业硅，由于硅石和还原剂原料中杂质元素的种类和数量都较多，工业硅质量难以满足配制铝合金、特种钢、有机硅及某些新材料的要求，为了获得高品质的工业硅产品，通常需要采取炉外精炼的方法对工业硅进行精炼。工业硅的炉外提纯精炼一般采用氯化精炼和氧化精炼，氯化法是向液态工业硅中通入氧气，使其中的 Al、Ca 等杂质变为相应的气体氯化物（$AlCl_3$、$CaCl_2$ 等）排出而达到精炼目的，其提纯效果好，可使杂质含量大幅度降低，得到高品质的工业硅，尤其是对钙和铝的去除效果非常明显，但是因其成本高、流程复杂、对环境压力大且排除的气体毒性大，净化流程复杂，对环境、人员和厂房设备危害大，目前已被禁止使用。氧化精炼是利用杂质和硅与氧的亲和力的差异，通过吹气、造渣等方法去除工业硅中杂质的过程。因其成本低、对环境友好，在工业生产中得到广泛应用。我国工业硅工厂基本上都用抬包进行吹氧炉外精炼，采用自制的喷嘴系统，通过抬包底部向硅熔体中吹入工业氧或压缩空气，使硅的纯度得到提高。氧化精炼法的实质是将液态硅中的杂质元素氧化，使其产物进入渣相，使金属与炉渣达到热力学平衡，从而完成脱除杂质的目的。

1.5.1 氯化精炼

早期，国际上通常采用向硅包内通入氯气的方法来精炼硅熔体。通入氯气提纯工业硅的机理主要有两点：一是物理作用，从硅包底部通入氯气会在包内形成气泡，硅中细小的熔渣在气泡的作用下容易发生聚集，形成的大颗粒熔渣因与硅液间存在密度差而从硅中分离出去；二是化学作用，即氯气可与硅熔体中的 Al、Ca 等杂质发生化学反应，生成相应的氯化物而被去除[2]。

由于氯气有很强的氧化性，因此需要向硅包内通氯气。精炼工业硅时，硅中有害杂质的去除效果明显，反应速率快，精炼时间短。然而，氯气是一种有毒气体，产生的含氯烟气难处理，对环境污染大，因此逐渐被淘汰。

1.5.2 氧化精炼

目前，国内外普遍采用硅包底吹气氧化精炼来提纯工业硅。在同等温度和压强下，工业硅中杂质含量较高的 Fe、Al、Ca、Ti 的氧化物和硅的氧化物的标准吉布斯自由能关系见式（1-9）：

$$\Delta G^{\ominus}_{CaO} < \Delta G^{\ominus}_{Al_2O_3} < \Delta G^{\ominus}_{TiO_2} < \Delta G^{\ominus}_{SiO_2} < \Delta G^{\ominus}_{Fe_2O_3} \tag{1-9}$$

当向硅包内通入氧气时，氧气会优先与氧化物吉布斯自由能小的元素反应，见式（1-10）~式（1-12）。

$$x[Me] + y/2O_2 \Longrightarrow (Me_xO_y) \qquad (1-10)$$

$$[Si] + O_2 \Longrightarrow (SiO_2) \qquad (1-11)$$

$$2[Me] + SiO_2 \Longrightarrow 2(MeO) + [Si] \qquad (1-12)$$

氧化精炼使用的精炼气体一般为空气或氧气和空气按一定比例组成的富氧空气，国内工业硅厂多采用富氧空气作为精炼气体，图1-1所示为硅包底吹富氧空气精炼的示意图。

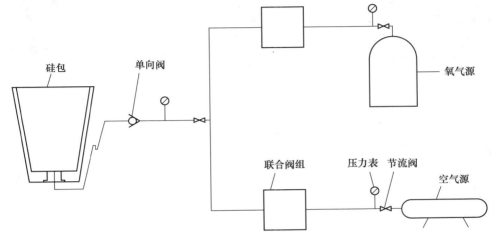

图1-1 硅包底吹富氧空气精炼示意图

硅包氧化精炼操作流程：在即将出硅水前，打开空气开关向硅包底部通入压缩空气，防止硅液堵住透气孔。当硅液的高度达到硅包深度的1/3时，打开氧气开关通入氧气。随着硅液高度的增加，适当加大氧气通入量，增强氧化精炼效果，同时提供足够压力，防止粘包。待出硅水完毕后，精炼20~30min即可完成精炼。在倒硅水浇铸过程中，逐渐较小氧气量，空气量保持不变。浇铸完毕后，继续通入压缩空气2~3min，防止透气孔堵塞，最后进行扒渣，图1-2所示为某硅厂硅包精炼过程。

1.5.3 其他吹气精炼

1.5.3.1 Ar-H₂O-O₂吹气精炼

昆明理工大学伍继君等人[3]利用吹气氧化精炼除去硅中杂质元素硼进行了深入研究，分别研究了在氧气气氛下和氧气与水蒸气的混合气氛下氧化精炼除杂的热力学条件。研究结果表明：在氧气气氛下精炼硅时，硅中的杂质元素硼主要被氧化成BO、BO₂、B₂O₃、B₂O、B₂O₂等硼的氧化物，并且计算出了硼氧化物

(a)　　　　　　　　　　　　　(b)　　　　　　　　　　　　　(c)

图 1-2　硅包精炼过程

（a）出硅水；（b）底吹富氧空气精炼；（c）浇铸

的挥发性与温度的关系。在 1700~2500K 的精炼温度范围内，随着温度的升高，各种硼的化合物分压呈升高的趋势，氧化物挥发性的顺序是 BO>B_2O_2>B_2O_3>B_2O>BO_2，在氧气气氛下，硅中的杂质硼主要以 BO 的形式挥发。

1.5.3.2　Ar-H_2O-H_2吹气精炼

挪威科技大学 Erlend F. Nordstrand 等人[4]分别利用 Ar、H_2、H_2O 及 H_2+H_2O 和 Ar+H_2+H_2O 作为精炼气体从硅熔体表面上吹入，研究了不同气体含量、气体组分及不同精炼温度对除硼效果的影响，同时用计算机模拟了整个精炼过程，还从动力学的角度入手分析了整个精炼过程中硼元素在硅中的传质系数。研究结果表明，在 1723~1872K 的精炼温度范围内，除硼效率随着精炼温度的升高而降低；采用纯 H_2 作为精炼气体精炼冶金硅时，硅中的硼几乎不能被去除，在整个除硼过程中硼元素主要被氧化成硼的氧化物去除；采用水蒸气能够去除硅中杂质硼元素，然而在水蒸气中混入氢气，除硼效果大大提高。当采用 3.2%H_2O+H_2 和 7.4%H_2O+H_2 气氛时，在 1500℃ 的精炼温度下精炼 2h，发现精炼气氛中的水蒸气含量不同除硼的效果也不同，采用 7.4%H_2O+H_2 的气氛比 3.2%H_2O+H_2 的精炼气氛除硼效果要好，也就是说，随着水蒸气增加，除硼效果大大提高。

1.6　工业硅产品及标准

随着工业硅产业的发展，2008 版《工业硅》（GB/T 2881—2008）标准中 7 个牌号已经不能满足需要，新版《工业硅》（GB/T 2881—2014）中依据主要杂质含量来区分工业硅，将工业硅牌号的编号统一为硅元素符号和 4 位数字，这三组数字规定了工业硅中的主要杂质含量，依次代表工业硅中 Fe、Al、Ca（钙含量取小数点后两位）的含量[5]，补充了市场交易中比较常见的 6 种工业硅的牌号和化学成分。同时规定工业硅牌号不再区分化学用硅和冶金用硅，因为对于一些应用非常广泛的牌号，能满足交易中不同客户的需求，所以不再进行明细区分。新版标准保留了原标准中 Si-B 和 Si-C 中 Fe、Al、Ca 等主要杂质的含量，但改变了硅含量要求，对其重新编号为 Si2202 和 Si3303，其中 Si2202 的硅含量从99.2%提高到99.58%，Si3303 的硅含量从99.0%提高到99.37%。新版标准还体现了标准的前瞻性，首次规定了 Si1101 牌号，该工业硅在企业中生产较少且属于工业硅生产中的高精产品。

随着工业硅在多晶硅行业和有机硅行业中的应用，使用方对微量元素的要求越来越重视。多晶硅行业认为，微量元素对其生产造成了很多危害，例如 B、P等元素对多晶硅生产太阳能电池光电转化效率有影响。有机硅行业认为微量元素如 Ti、Ni 会影响产品实收率，Pb 会使催化剂中毒。因此修订过程中确定将微量元素的要求纳入新版的内容，这是首次在国家标准中规定工业硅微量元素要求。但是在怎样确定指标时，出现了两种倾向，一种是多晶硅和有机硅客户的观点，希望微量元素含量标准定严点好，尽量减少微量元素对后续生产的影响。另外一种观点主要从生产方的现状出发，认为大家都在采购微量元素含量低的硅石，今后这样优质的硅石会越来越少，如果把国标微量元素定得过低，既不现实，也不利于工业硅企业的良性发展。鉴于两种观点都有一定的道理，在修订时将微量元素要求分为普精级和高精级，在考虑生产方现状的同时又反映了下游客户的质量需求。

2014 版《工业硅》（GB/T 2881—2014）标准中规定了 8 种典型牌号及主要杂质元素控制要求，见表 1-2。

表 1-2　中国工业硅典型牌号及主要杂质元素含量（质量分数）　　（%）

牌号	Si	主要杂质元素含量		
		Fe	Al	Ca
Si1101	≥99.79	≤0.10	≤0.10	≤0.01
Si2202	≥99.58	≤0.20	≤0.20	≤0.02
Si3303	≥99.37	≤0.30	≤0.30	≤0.03
Si4110	≥99.40	≤0.40	≤0.10	≤0.10
Si4210	≥99.30	≤0.40	≤0.20	≤0.10
Si4410	≥99.10	≤0.40	≤0.40	≤0.10
Si5210	≥99.20	≤0.50	≤0.20	≤0.10
Si5530	≥98.70	≤0.50	≤0.50	≤0.30

2014 版《工业硅》（GB/T 2881—2014）还规定了多晶用硅和有机用硅的微量杂质元素所含高精级和普精级控制指标，见表 1-3。

表 1-3　中国工业硅微量杂质元素含量表　　　　　　（%）

用途	类别	微量元素含量（质量分数）								
		Ni	Ti	P	B	C	Pb	Cd	Hg	Cr
化学用硅	多晶用硅 高精级	—	—	≤0.04	≤0.005	≤0.003	≤0.04	—	—	—
	多晶用硅 普精级	—	—	≤0.06	≤0.008	≤0.006	≤0.06	—	—	—
	有机用硅 高精级	≤0.01	≤0.04	—	—	—	—	—	—	—
	有机用硅 普精级	≤0.15	≤0.05	—	—	—	—	—	—	—
冶金用硅	—	—	—	—	—	—	≤0.1	≤0.01	≤0.1	≤0.1

1.7　工业硅中的杂质

1.7.1　杂质来源

工业硅是在矿热炉内用硅石和碳质还原剂为原料冶炼制得，在工业硅冶炼过程中，各种杂质元素随加入矿热炉内的原料被带入，在进行还原熔炼时也一同被还原进入金属硅熔体[6]。工业硅产品一般含硅在 98% 以上。有研究表明，带入工业硅冶炼的杂质主要来源于原材料和碳质材料，Baker[7] 和 Crossman[8] 对硅石、碳和冶金级硅中的杂质进行分析，得出结果见表 1-4。

表 1-4　硅石、碳和冶金级硅中的杂质（质量分数）　　　（%）

杂质	石英	碳	MG 硅
Al	6.2×10^{-4}	5.5×10^{-3}	$1.57 \times 10^{-3} \pm 5.8 \times 10^{-4}$
B	1.4×10^{-5}	4.0×10^{-5}	$4.4 \times 10^{-5} \pm 1.3 \times 10^{-5}$
Cr	5×10^{-6}	1.4×10^{-5}	$1.37 \times 10^{-4} \pm 7.5 \times 10^{-5}$
Fe	7.5×10^{-5}	1.7×10^{-3}	$2.07 \times 10^{-3} \pm 5.1 \times 10^{-4}$
P	1.0×10^{-5}	1.4×10^{-5}	$2.8 \times 10^{-5} \pm 6 \times 10^{-6}$
Mn	—	—	$7.0 \times 10^{-5} \pm 2.0 \times 10^{-5}$
Ni	—	—	$4.7 \times 10^{-5} \pm 2.8 \times 10^{-5}$
Ti	—	—	$1.63 \times 10^{-4} \pm 3.4 \times 10^{-5}$
V	—	—	$1.0 \times 10^{-4} \pm 4.7 \times 10^{-5}$
其他	1.0×10^{-5}	6×10^{-4}	

数据表明，工业硅中的杂质主要来源于硅石和碳质还原剂，其中 Al 和 Fe 杂质最多，约占硅中总杂质的 80%。此外，入炉的硅石 SiO_2 含量在 98% 左右，剩余 2% 主要是碱土金属、铝的氧化物、钙的氧化物、硅酸盐及其他一些轻质元素[9]。因工业硅冶炼属无渣操作，除生成部分气态物质如 H_2、H_2O、C_xH_y 和 CO，以及其他一些金属或金属氧化物的挥发物（碱金属、碱土金属、铝及一小部分的硅）进入气相外，其余大部分则进入硅液生成工业硅[10]。这些杂质在硅液凝固过程中会在硅晶界处偏析积聚，形成多种复杂、颜色不一的金相，它们之间的物理化学性质差异较大，杂质主要以小颗粒团随机富集在硅中形成条带状的杂质带。

根据热力学和大量资料的分析可以确认，工业硅中杂质以单质和化合物的形态存在。硅石中通常含有 Al_2O_3、Fe_2O_3、CaO、TiO_2 和 MgO 等氧化物，其他杂质通常也以氧化物的形式存在于硅石和还原剂灰分中。工业硅中杂质含量最多的是 Fe、Al 和 Ca，热力学研究表明，Fe_2O_3、SiO_2、MgO、Al_2O_3、CaO、TiO_2 等在常压下还原时，Fe_2O_3 的还原温度最低，其次是 SiO_2，然后是 TiO_2，最后才是 Al_2O_3、MgO 和 CaO（关于工业硅熔炼过程氧化物的还原温度和顺序可参考氧化物吉布斯自由能图）。由于还原温度不同，在熔炼工业硅的矿热电炉过程中，绝大部分 Fe_2O_3 和 SiO_2 被还原为金属，而 TiO_2、Al_2O_3、MgO 和 CaO 只有部分或少量被还原。据文献介绍，对于硅石和还原剂灰分中的各种氧化物，熔炼后几乎 100% 的 Fe_2O_3、50%~55% 的 Al_2O_3、35%~40% 的 CaO 和 30% 左右的 MgO 能通过还原进入工业硅熔体中。

硅石、木炭、石油焦、烟煤和电极中的各种氧化物在工业硅的熔炼过程中大都不能被完全还原，未还原的 Al_2O_3、MgO、CaO 等便与 SiO_2 一起形成熔渣。这种熔渣有的可能集聚在一起，冷凝后形成明显的渣块，破碎时可用手工清除；另一些熔渣则形成仅在显微镜下才能观察到的颗粒，和硅混杂在一起成为硅中的杂质，熔渣主要成分见表 1-5。

表 1-5　工业硅生产过程熔渣组成　　　　　　　　　　（%）

样品	SiO_2	SiC	Si	MgO	Al_2O_3	CaO	Fe_2O_3	C
1	33.03	10.4	4.73	0.27	28.1	23.56	0.21	3.0
2	47.01	9.2	5.88	0.36	23.21	13.42	0.17	2.65
3	48.7	—	16.2	—	4.9	4.9	0.3	15

生成熔渣的数量和组成与熔炼过程所用的原料、还原剂、电极等的种类、数量及操作情况等密切相关，并随这些条件的变化而不同。

1.7.2　杂质分布特性

工业硅中含有多种杂质，既有金属杂质，也有很多非金属杂质，它们在硅中的存在形式主要取决于固溶度[11]。

1.7.2.1 金属杂质

硅中的金属杂质对不同的器件会有不同的影响，但总体差别并不大。在硅晶体中，金属杂质具有电性，同时也是高能级复合中心（复合中心半导体中某些杂质和缺陷可以促进载流子复合，对非平衡载流子寿命的长短起决定性作用的杂质和缺陷称为复合中心），当浓度高时会和晶体中的掺杂剂起补偿作用，影响总载流离子的浓度，不同的金属原子对载流离子的俘获截面不同，金属原子的浓度越高，影响越大[12]。金属杂质中最常见的 Fe 杂质容易在工业硅中形成沉淀，减少半导体少数载流子扩散长度并降低其寿命。金属原子还会沉淀在硅和氧化硅的界面上，影响硼氧化层的完整性，降低器件的击穿电压[13,14]。

对于硅中主要金属杂质的存在形态和分布，已有学者进行过相关研究。Fe、Al、Ca、Ti、Mn、P 等杂质元素辐射强度分布曲线的分析表明，这些元素在硅中的存在形式分为 3 种：（1）含 Fe 49%、Si 51% 的铁基金属型夹杂物，它与金属化合物 $FeSi_2$ 的组成相符合，是一种很脆的 φ 相，其硅含量范围是 53.3% ~ 56.5%；（2）除 Fe、Si、Ti 以外的 Mn、V、P 的复杂化学成分的金属夹杂物，这些元素的含量是 Si 28%，Fe 25%，Ti 30%，Mn 0.5% ~ 0.25%，V 1% ~ 3%，P 0.5% ~ 1.5%；（3）熔渣型夹杂是硅石中没有还原的复杂氧化物，以及木炭、电极、石油焦等碳质还原剂的灰分组成。

对云南省某硅厂生产的工业硅中杂质分布做了扫描电镜（SEM）分析，结果如图 1-3 所示。可以看到工业硅中的夹杂物在 SEM 照片中分别呈深色、浅色和白色显示。其中深色夹杂物杂乱分布在整个工业硅中，在深色夹杂物中，分布有大量枝晶状的浅色夹杂，其分布界限明显。此外，还发现在浅色夹杂物与深色夹杂物之间分布有少量颜色更浅的白色夹杂物，由于其与浅色夹杂物没有明显界限，可以推断这些白色夹杂物与浅色夹杂物属同一类型，可能只是在化学组成上存在差异。

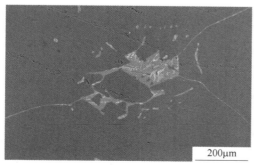

(a)

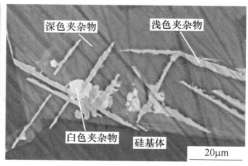

(b)

图 1-3 工业硅杂质分布特性

　　为了进一步确定工业硅中夹杂物的化学成分，对工业硅 SEM 图中不同颜色的夹杂物进行能谱（EDS）分析，如图 1-4 所示。

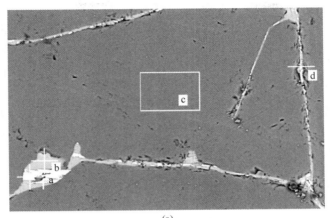

(a)

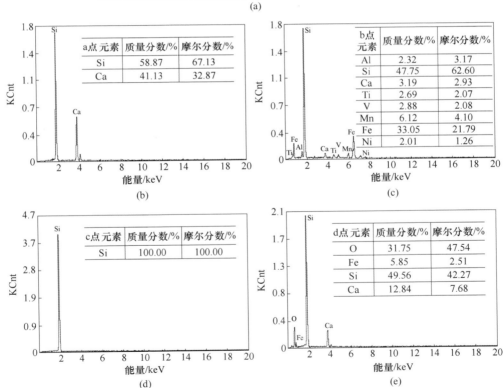

a点元素	质量分数/%	摩尔分数/%
Si	58.87	67.13
Ca	41.13	32.87

(b)

b点元素	质量分数/%	摩尔分数/%
Al	2.32	3.17
Si	47.75	62.60
Ca	3.19	2.93
Ti	2.69	2.07
V	2.88	2.08
Mn	6.12	4.10
Fe	33.05	21.79
Ni	2.01	1.26

(c)

c点元素	质量分数/%	摩尔分数/%
Si	100.00	100.00

(d)

d点元素	质量分数/%	摩尔分数/%
O	31.75	47.54
Fe	5.85	2.51
Si	49.56	42.27
Ca	12.84	7.68

(e)

图 1-4　工业硅中杂质的能谱图

　　从分析结果可知，a 点白色夹杂物中主要元素组成为 Si 58.87% 和

Ca 41.13%；b 点浅色夹杂物中主要元素为 Si 47.75%、Fe 33.04%、Al 2.32%、Ca 3.19%、V 2.88%、Ti 2.69%、Mn 6.12% 和 Ni 2.0%，从白色和浅色夹杂物化学成分来看，应该是金属或金属间化合物夹杂，这也证明了前面关于白色和浅色夹杂属同一类型的推断；c 点为基体元素 Si；d 点深色夹杂物中含 O 31.75%，其他元素为 Si 49.56%、Ca 12.84% 及 Fe 5.85%，很显然，此处 O 的大量存在证明该杂质为 Si、Ca、Fe 的熔渣型夹杂。通过扫描电镜和能谱的分析，明确了工业硅中杂质的分布特性。

国外研究者对杂质在硅中的存在状态和对太阳能电池性能的影响研究指出，硅中杂质元素可分为 3 大类：

（1）浅层电活性杂质及 O 和 C。包括 O、C、B、P、Al，其中 B 和 P 这些杂质对太阳能电池性能的影响最大，必须降低到最低限度。

（2）过渡金属元素。包括 Fe、Ni、Cu、Cr、Mo、V、Ti 等，其中 Ti 的含量对太阳能电池性能影响较大。

（3）碱金属和碱土金属（此类杂质以 Mg 和 Ca 为主）。杂质在硅中的存在状态可分为两种形式：1）B、P、Al 这类杂质以取代硅原子和填充硅原子间隙为主，湿法浸出不易除去；2）Fe、Mg、Ca、C 等这类杂质主要以硅化物（$FeSi$、$Fe-Al-Si$、$Fe-Al-Ca-Si$、$CaAl_2Si_2$ 等）、碳化物（Ca_2C、SiC 等）、氧化物（MgO、CaO 等）及硅酸盐等化合物沉淀于晶界处，多溶于酸，容易用酸浸的方法去除。

工业硅中含有高达 1% 的金属杂质，这些杂质聚集在晶粒边界，形成硅的化合物，在凝固过程中形成沉淀物[15]。Margaria 等人[16] 采用扫描电子显微镜（SEM）、透射电子显微镜（TEM）和 X 射线衍射（XRD）等手段进行局部相分析，研究显示，在富硅区，硅与主要金属杂质形成 Si_2Ca、Si_2Al_2Ca、$Si_8Al_6Fe_4Ca$、Si_2FeTi、$Si_7Al_8Fe_5$、Si_2Al_3Fe 和 $Si_2Fe[Al]$ 等杂相，铁与硅易形成 $FeSi_2$（ζ_β 相）和 $FeSi$（ε 相）。Schei 和 Margaria 的研究表明，Al、Ca 和 Fe 在硅中会形成 $FeSi_2$、$CaSi_2$、$AlCaSi_2$、$Al_8Fe_5Si_7$ 和 $Al_6CaFe_4Si_8$ 等金属间化合物，这些化合物在工业硅凝固过程中极易在晶界处发生偏析。

利用二元相图研究这些金属杂质与 Si 之间形成的二元化合物。目前，二元合金相图的研究已经非常成熟，通过 Factsage 软件数据库可以查到 Si 与其中主要金属杂质元素间形成的 Fe-Si、Al-Si、Ca-Si、Si-Ti、Cu-Si、Si-V 等二元相图，如图 1-5～图 1-10 所示。

在 Fe-Si 二元相图中，Fe 与 Si 可以形成 $FeSi_2$ 和 $FeSi$ 两种稳定化合物，而 Fe_3Si_7、Fe_2Si 和 Fe_5Si_3 均为不稳定化合物，在冷却过程中最终均将转化为 $FeSi_2$ 和 $FeSi$。此外，相图的富硅端并没有出现固溶相，可推测 Fe 在 Si 中的固溶度极低，因此常温下工业硅中含 Fe、Si 的二元物相应为 $FeSi_2$ 和 $FeSi$。

从 Al-Si 简单二元共晶相图来看，Si 与 Al 间不形成金属间化合物，富硅端也

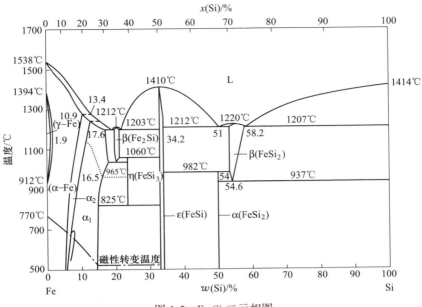

图 1-5　Fe-Si 二元相图

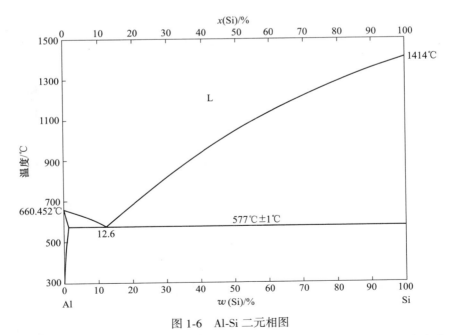

图 1-6　Al-Si 二元相图

没有出现固溶相，因此，Al 很难溶解在 Si 中，而是以 Al-Si 合金的形式存在于工业硅中。

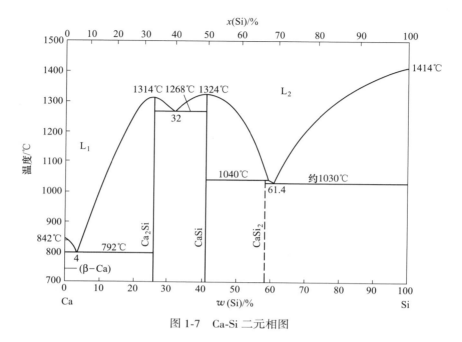

图 1-7　Ca-Si 二元相图

Ca-Si 二元相图中存在 Ca_2Si、$CaSi$ 和 $CaSi_2$ 3 种稳定化合物，从富硅端同样可以看出 Ca 也很难溶解于硅中，硅中的杂质 Ca 主要以 $CaSi_2$ 的形式存在。

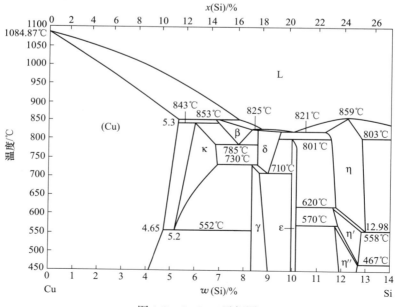

图 1-8　Cu-Si 二元相图

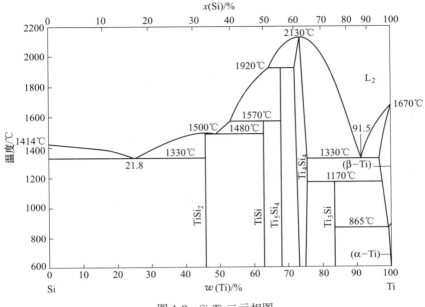

图 1-9　Si-Ti 二元相图

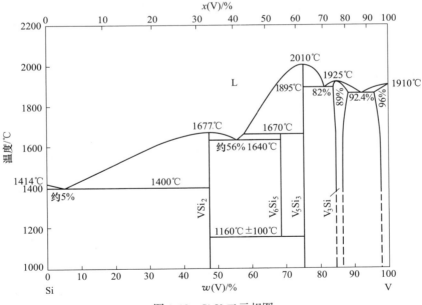

图 1-10　Si-V 二元相图

工业硅中通常含有一定量的杂质元素 Cu，从 Cu-Si 二元相图来看，虽然存在 $Cu_{19}Si_6$、$Cu_{15}Si_4$、Cu_9Si_2 及 $Cu_{38}Si_7$ 等化合物，但由于 Cu_9Si_6 更为稳定且其在相图中更靠近富硅端，因此可以推测工业硅中的 Cu 主要以 $Cu_{19}Si_6$ 的形式存在，在这些化合物中，Cu_9Si_2在低于1000K的温度下将分解为$Cu_{15}Si_4$和$Cu_{38}Si_7$。

Si-Ti 二元相图比较复杂，存在 Si_2Ti、$SiTi$、Si_4Ti_5、Si_5Ti 和 $SiTi_3$等多种金属间化合物，同样，由于 Si_2Ti 更稳定且在相图中更靠近富硅端，因此可以推测 Ti 在工业硅中主要以 Si_2Ti 的形式存在。

V 是云南工业硅中常见的杂质金属元素，其质量分数可达到$1×10^{-4}$，虽然 Si-V 二元相图中存在 Si_2V 和 Si_3V_5，但同样可推测出 Si 中的 V 主要以 Si_2V 的形式存在。

从工业硅中主要金属杂质元素与硅的二元相图来看，除 Al 外，Fe、Ca、Ti、Cu、V 等均与 Si 形成二元金属间化合物，同样杂质元素之间也可能形成二元化合物，而三元和多元化合物同样存在于工业硅体系中。

1.7.2.2 非金属杂质

A 硼

硼为第 2 周期第 3 主族元素，能级距离硅的价带很近，是接受电子的，称为受主能级。硼常作为太阳能级多晶硅中的掺入杂质而影响电池的导电性能，因此浓度必须控制得非常低。

图 1-11 所示为 Compu Therm Pandat 7.0 软件计算出的 Si-B 二元相图结果，与 Olesinski 和 Abbaschian 等人[17]报道的相图一致。图 1-12 所示为相图富硼和富硅端的数据，通过 Si-B 相图不难发现富硼端 SiB_3 和 SiB_n 均为固溶相，而 SiB_6 则为理论配比化合物，这个结果与 Babizhetskyy[18]的研究一致。

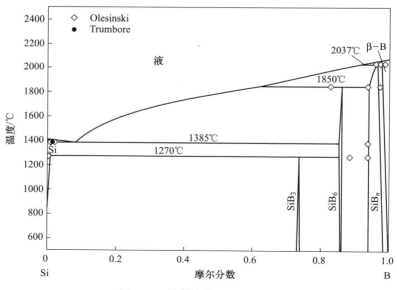

图 1-11 计算出的 Si-B 二元系

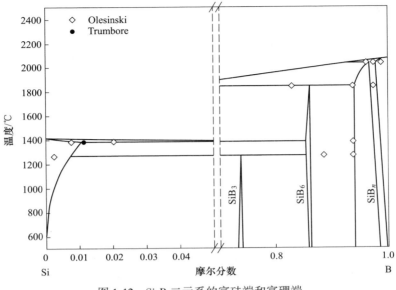

图 1-12 Si-B 二元系的富硅端和富硼端

　　此外，工业硅中的 B 与 Fe、Al、Ca 和 Si 之间完全有可能结合成三元化合物，这已有文献证明。文献报道了 Si-Fe-B 和 Si-Al-B 三元相图的研究结果如图 1-13和图 1-14 所示，但还没有 Si 和 B 与 Ca、Ti、Cu、V 等杂质组元关于三元

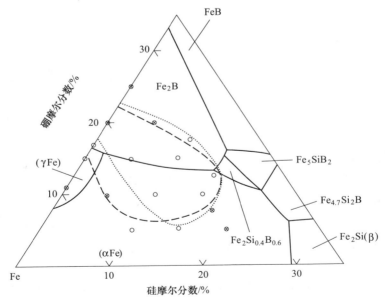

图 1-13 Si-Fe-B 三元系中存在的物相

系的研究报道。从 Si-Fe-B 三元相图及其 900℃ 等温截面图来看，B 与 Si 和 Fe 会形成 FeB、Fe_2B、Fe_5SiB_2、$Fe_2Si_{0.4}B_{0.6}$、$Fe_{4.7}Si_2B$、$Fe_2Si(\beta)$ 和 Fe_5Si_3 等相，但由于硅中硼含量极低，因此除二元化合物 FeB、Fe_2B 外，最可能生成的三元化合物为 $Fe_{4.7}Si_2B$、Fe_5SiB_2 和 $Fe_2Si_{0.4}B_{0.6}$。

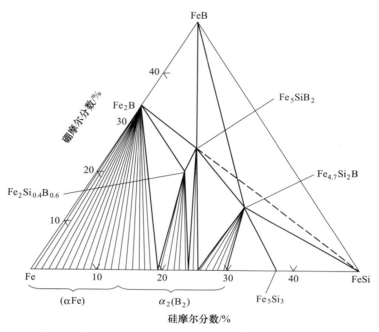

图 1-14   Si-Fe-B 三元系 900℃ 等温截面图

图 1-15 所示为 Si-Al-B 三元系在 1300℃ 的等温截面图，在此温度下并没有发现 Si、Al、B 间形成的三元化合物，与 Si-B 和 Al-B 二元系结果一致，含硼的二元化合物主要为 AlB_{12} 和 SiB_6。

B 磷

磷为第 3 周期第 5 主族元素，能级距离硅的价带很近，是提供电子的，称为施主能级。磷常作为太阳能级多晶硅中的掺入杂质而影响电池的导电性能，因此必须控制非常低的浓度。由于磷与硅的原子序数靠近，性质相似，使得磷在硅中的平衡分配系数达到了 0.35，最大溶解度达到了 $1.3 \times 10^{21}\ cm^{-3}$，即在液态下磷与硅有良好的互溶性。图 1-16 所示为磷与硅的二元相图。

C 氧

氧是多晶硅中的主要轻元素杂质之一，它在多晶硅中主要以间隙态存在。多晶硅中的氧杂质除了工业硅中原本含有的以外，在晶体生长过程中也会引入氧杂质。晶体生长时，熔硅和石英坩埚反应生成一氧化硅，生成的一氧化硅一部分从

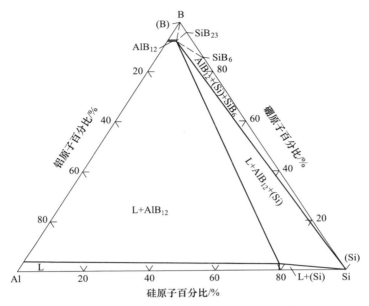

图 1-15　Si-Al-B 三元系 300℃等温截面图

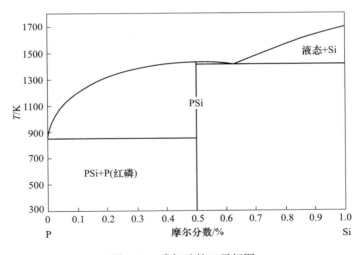

图 1-16　磷与硅的二元相图

熔体表面挥发，一部分溶解在硅熔体中，分解成氧和硅。氧在晶体中的浓度受固溶度限制，在硅熔点附近，氧的平衡固溶度约为 $2.7×10^{18}\,cm^{-3}$，随晶体硅温度的降低，其固溶度也逐渐降低[19]。凝固后，由于长晶、退火和冷却的时间较长，氧可以与空位结合形成微缺陷，也可以团聚形成氧团簇，还可以形成氧沉淀，这些都会对太阳能电池的性能产生影响。但是，氧沉淀时可以吸除一些金属杂质，可以减少单晶硅的杂质与缺陷。因此，氧在一定的浓度下，可以说是一种有益的杂质。

在制备多晶硅时，不存在单晶硅制备过程中由于增坩旋转造成的机械对流，因而多晶硅中的氧含量通常比单晶硅少很多。因此，在多晶硅中氧对材料的影响不如单晶硅，尤其没有高纯单晶硅的影响大。

D 氮

多晶硅中的氮杂质主要是由石英坩埚表面涂覆的 Si_3N_4 溶解进入硅中导致的，氮在晶体硅中的主要存在形式是氮对，氮与硅中其他第 V 族元素（如磷和砷）的性质不同，在硅中不呈施主特性，因此不会引入复合中心。氮在硅中的饱和固溶度很低，在 1420℃ 时约为 $5×10^{15} cm^{-3}$。

在多晶硅的结晶过程中，氮可以与氧作用，形成氮氧复合体，影响材料的电学性能。但由于氮氧复合体是浅能级，而且氮的固溶度很低，因此对材料的影响不大。由于硅中的氮元素能够增加硅材料的机械强度，抑制微缺陷，促进氧沉淀，浙江大学国家硅材料重点实验室的学者利用氮的这些优点首创了氮气气氛下拉单晶。

晶体硅中，氮的分凝系数约为 $7×10^{-4}$。因此，晶体上部氮浓度要远大于底部的氮浓度。氮元素的去除，主要从氮化硅涂层工艺着手，如减少氮化硅涂层厚度，避免在熔炼过程中出现大块的脱落。

E 碳

碳作为一种非金属杂质元素，一般在硅中占据替代位置。由于碳也是四价元素，因此不会引入电活性缺陷而影响载流子浓度。但碳可以与氧作用，也可与间隙硅原子和空位结合，以条纹状存在于硅晶体中并对其性质产生影响。

碳在硅中的最大固溶度为 $3.3×10^{17} cm^{-3}$，当碳浓度超过了所在温度下碳在硅中的最大溶解度时，碳会以微小沉淀形式析出。多晶硅中的碳，除了来源于工业硅之外，再就是在晶体制备过程中产生的。由于在制备多晶硅的炉中通常使用石墨发热体及碳毡保温材料，高温下这些含碳物质的挥发物也会进入熔硅中。

在硅的熔点附近，碳在熔体和晶体中的平衡固溶度分别为 $4×10^{18} cm^{-3}$ 和 $2.75×10^{17} cm^{-3}$。由于碳的分凝系数只有 0.07，硅中的碳将随定向凝固的进行而逐渐向末端聚集，在定向凝固末期，碳浓度甚至可以超过碳在硅中的最大固溶度。

参 考 文 献

[1] 何允平，王恩慧. 工业硅生产 [M]. 北京：冶金工业出版社，1996.

[2] 陈志强，鲍文慧，白玲梅，等. 底吹富氧精炼工业硅的试验与实践 [J]. 铁合金，2014 (1)：25~33.

[3] Wu J J, Ma W H, Yang B, et al. Boron removal from metallurgical grade silicon by oxidizing

refining［J］. Transactions of Nonferrous Metals Society of China，2009，19（2）：463~467.

［4］ Nordstrand E F，Tangstad M . Removal of boron from silicon by moist hydrogen gas［J］. Metal-lurgical & Materials Transactions B，2012，43（4）：814~822.

［5］ 包崇军，李宗有，苏杰，等．工业硅精炼脱杂技术研究及应用［J］. 轻金属，2014（4）：49~52.

［6］ 杰克逊 K A，等．材料科学与技术丛书（半导体工艺）［M］. 屠海令，万群，等译．北京：科学出版社，1999.

［7］ Baker J A，Tucker T N，Moyer N E，et al. Effect of carbon on the lattice parcmeter of silicon［J］. Journal of Applied Physics，1968，39（9）：4365~4368.

［8］ Crossman L D ，Baker J A . Semiconductor Silicon 1977.

［9］ Tuset J K，阎惠君．硅精炼原理［J］. 铁合金，1988（6）：46~56.

［10］ 于兰平，许晓慧，经立江．冶金硅中杂质相存在研究［J］. 材料导报，2011，25（17）：523~529.

［11］ 于占良，刘仪柯，唐雅琴，等．工业硅中金属杂质分布及存在形式［J］. 新余学院学报，2014，19（3）：1~4.

［12］ Bloor D，Brook R J，Flemings M C，et al. The encyclopedia of advanced materials［J］. Physics Today，1995，48（11）：90~92.

［13］《材料科学技术百科全书》编委会．材料科学技术百科全书［M］. 中国大百科全书出版社，1995.

［14］ 高珺，黄云峰．新版工业硅国家标准解读［J］. 中国金属通报，2017（1）：80~81.

［15］ 吉川建．借助铝硅熔体低温凝固精炼太阳能级硅过程物理化学研究［D］. 日本东京：日本东京大学，2005

［16］ Margaria T，Anglezio J C，Servant C. 工业硅中金属间化合物［J］. 铁合金，1994（5）：43~48.

［17］ International A . ASM Handbook：Alloy Phase Diagrams（3th）［J］. 1992.

［18］ Armas B，Male C，Salanoubat D. Determination of the boron-rich side of the B-Si phase diagram［J］. Journal of the Less Common Metals，1981，82：245~254.

［19］ Margaria T，Anglezio J C，Servant C. 工业硅中金属间化合物［J］. 铁合金，1994，5：43~48.

2 工业硅吹气精炼提纯新技术

2.1 概　　述

由于能源危机和传统能源对环境的污染，可再生能源尤其是太阳能已成为全球关注的热点[1,2]。冶金级硅作为生产晶体硅太阳能电池的重要原材料，需精炼处理以降低其中的杂质含量[3]。冶金级硅中的主要杂质为 Fe、Al 和 Ca，吹气精炼是去除冶金级硅熔体中杂质 Al、Ca 的有效方法[4,5]。研究表明[6]，通过吹入氧气，将硅中含 Al 由电炉中的 0.25% 降低到 0.1% 以下，Ca 由 0.2%～0.3% 降低到 0.02% 以下。Wu 等人[7] 研究了吹氧精炼过程中杂质在 Mg-Si 熔体中的热力学行为和去除效率，发现大多数 Ca、Al 在精炼过程中被氧化以熔渣的形式去除，与吹氧精炼前的 Mg-Si 相比较，Ca、Al 的去除率达到 90% 以上，而 Fe 不能被氧化去除。

硅熔体中杂质的深度去除受精炼过程反应动力学的影响和制约，因此，对冶金级硅精炼过程动力学研究一直是晶体硅材料领域的研究热点[8~10]。

Suzuki 等人[11] 利用氩气作为载气，向冶金级硅熔体中吹入 O_2、H_2O 和 CO_2 混合气体，研究发现，当混合 O_2 和 CO_2 进行氧化精炼时，杂质去除效果不好，当混合水蒸气时，除杂效果得到较大改善，原因是氧化性气体将在硅熔体表面形成 SiO_2 保护膜，阻止了化学反应的进行，而水蒸气能够抑制 SiO_2 薄膜的生成。Nordstrand 等人[12] 利用湿氢处理硅熔体时发现，杂质硼的去除速率受水蒸气和 H_2 化学反应控制，杂质去除率随着温度的升高而降低。Ikeda 等人[13] 在 60kPa 的氩气气氛下，使用带有旋转火炬装置的氩弧等离子体重熔炉去除冶金级硅中的杂质。结果表明，熔融硅中的杂质 Fe、Ti、Al 含量保持不变，Ca 含量随熔化时间的延长而降低。使用 Ar-H_2O 的等离子体可以显著降低硅中硼含量，在 1.24% H_2O（体积分数）下脱硼表观速率常数为 $3.8×10^{-3} s^{-1}$。

此外，在精炼过程中，部分液态硅被氧化生成 SiO 气体，随后在逸出过程中进一步氧化为 SiO_2 烟气，从而造成液态硅的损失，许多学者对其中的氧化机理和动力学进行了研究[13,14]。Næss 等人[15] 在一个 75kW 的感应炉中，采用喷枪在液态硅表面上方吹入氧化性气体研究液态硅的活性氧化速率，通过收集反应形成的 SiO_2，发现烟化速率由气体成分和气体流速决定；该体系还使用计算流体动力学和动力学模型进行了建模，结果表明烟化发生在距液态硅表面 0.5mm 的范围内，液态硅上方的气体流速是影响硅烟化速率最重要的因素。

冶金级硅的吹氧精炼是目前工厂普遍采用的方法，在吹氧精炼冶金级硅的过程中，硅熔池中的氧来源有气体 O_2 和溶解在液态硅中的 [O]，由于硅熔体中溶解的杂质 [M] 浓度极低，杂质的氧化主要依赖于 O_2 的间接氧化而不是直接氧化，熔体中 [O] 或（SiO_2）的溶解平衡将硅中杂质的去除起到决定性的作用。因此，研究冶金级硅熔体吹氧过程中杂质的氧化动力学，可为 Mg-Si 的吹氧精炼工艺提供理论支撑。

2.2 吹气精炼去除杂质机理

向熔融的冶金级硅中通入氧化性气体，能使硅中杂质元素氧化并从硅中分离，通入的气体也对熔体起到搅拌作用，能加快杂质的氧化和气体的逸出[16]。通常，可以利用的氧化性气体有 O_2、H_2、水蒸气、CO_2 等，载气通常使用 Ar，硼元素被氧化为 BO、B_2O、B_2O_2、$B(OH)_2$、HBO、HBO_2、BH_2 等气体，而金属杂质则转变为金属氧化物，在此过程中，有部分硅被氧化为 SiO_2 和 SiO，造成硅损失。Khattak 等人[16]在硅熔体中通入 H_2O 和 H_2 的混合气体进行精炼，研究发现：在吹气氧化精炼过程中，硅熔体中的杂质元素 B 与 H_2 和生成的 SiO 反应生成 HBO，并以蒸气相的形式去除，反应可表示为：

$$B + SiO + 1/2H_2 \rule[0.5ex]{1.5em}{0.4pt}\rule[0.5ex]{1.5em}{0.4pt} HBO + Si \qquad (2-1)$$

除了形成 HBO 蒸气相外，生成的杂质相也能进入渣相，过程的热力学分析表明硅中 B 和 P 的有效去除不是直接的气相蒸发，因为在平衡条件下，进入蒸发相中的 B 和 P 比进入液相硅中的 B 和 P 要少得多，这样导致液相硅中 B 和 P 浓度较高。虽然蒸发的方法不能直接将元素 B 去除，但由于 HBO 在很多条件下是很稳定的蒸发相，因此 HBO 是吹气氧化精炼过程杂质硼去除最重要的形式。

为了得到更好的杂质去除效果，国外研究人员通常将吹气氧化精炼与熔渣精炼结合起来使用，这进一步提高了冶金级硅的氧化精炼效果。Fujiwara[17]将氧化性气体吹入到熔化硅中的同时，利用主要成分 CaO 的熔渣对含有硼的硅精炼。该方法可高效、廉价地制造纯度大约为 6N 并用于太阳能电池的多晶硅。但是，将熔渣和硅混合搅拌并吹入氧化性气体时，由于硅部分被氧化为 SiO_2 并被该熔渣吸收，导致熔渣黏度增加，降低了渣、硅和气体之间的混合效率，硅中硼的氧化反应速度减慢，其去除效率也相应降低。

Sharp 公司[18]利用含有可与硅中杂质元素反应的水蒸气及 Ar（或 Ar 和 H_2）混合气体与熔融态硅接触并发生反应，同时通过气管往熔体中吹入高纯 SiO_2 粉末。利用混合气体和 SiO_2 的氧化反应将杂质 B、C 及 Fe、Ca、Al 等金属元素从熔融硅中去除，除使用水蒸气外，也可使用含有氧原子的 O_2 或 CO_2。

昆明理工大学的伍继君教授等人[19]对冶金级硅的吹气氧化精炼研究表明，

在 1685～2500K 温度下利用 O_2 氧化精炼时，冶金级硅中的杂质元素 B 分别以 BO、B_2O_2 和 B_2O_3 等气态氧化物（B_xO_y）的形式挥发去除，平衡时 B_xO_y 的分压可达到 10^{-3}～10Pa，且温度越高，对硼氧化物的挥发越有利。利用 H_2O-O_2 混合气体氧化精炼时，B 主要以 $B_3H_3O_6$、BHO_2、BH_3O_3 和 BHO 等的气态氢氧化物（$B_xH_zO_y$）的形式挥发去除，$B_xH_zO_y$ 平衡分压为同条件下 B_xO_y 的 10^5～10^{10} 倍，且蒸气压与温度的关系与 B_xO_y 正好相反，低温更有利于硼氢氧化物的挥发。由此可见，在氧化性气氛中添加适量的 H_2O 增加硅中硼的去除是非常有利的，去除效率远高于单纯的 O_2 氧化精炼，这与国外报道的研究结果一致。

虽然吹气氧化精炼可以达到很好的去除冶金级硅中杂质的目的，与熔渣精炼结合使用可以将硼质量分数降低至 $0.5×10^{-6}$。但值得研究的是，理论上通过不同气氛可以将冶金级硅中的杂质硼含量降低到一个什么样的程度，能否达到太阳能级硅在硼的含量要求。另外，吹气过程必然造成硅的氧化和挥发，而造成硅的直收率降低，这是吹气氧化精炼应用在冶金法太阳能级硅生产上不可忽视的问题。

2.2.1　Ar-O_2 吹气精炼热力学

利用 O_2 对氧化气氛中冶金级硅溶解去除的杂质元素硼，体系中 Si(l)、[B] 和 O_2 在 1412～2230℃ 可能发生的反应见式（2-2）～式（2-8），[B] 被氧化为气态硼氧化物 B_xO_y。

$$2[B] + O_2 = 2BO(g) \tag{2-2}$$
$$[B] + O_2 = BO_2(g) \tag{2-3}$$
$$4/3[B] + O_2 = 2/3B_2O_3(g) \tag{2-4}$$
$$4[B] + O_2 = 2B_2O(g) \tag{2-5}$$
$$2[B] + O_2 = B_2O_2(g) \tag{2-6}$$
$$Si(l) + O_2 = SiO_2(l) \tag{2-7}$$
$$2Si(l) + O_2 = 2SiO(g) \tag{2-8}$$

通过查阅热力学手册[20]，可计算出硼的气态氧化物（B_xO_y）和硅氧化物（SiO_2 和 SiO）的标准吉布斯生成自由能 $\Delta G^\ominus$ 与温度 T 的关系，如图 2-1 所示。

从图 2-1 中硼氧化物的 $\Delta G^\ominus$-T 曲线的位置可以看到，当 1412℃ < T < 1827℃ 时，杂质元素硼的氧化产物优先生成顺序为 B_2O_3 > B_2O_2 > BO > BO_2 > B_2O，由于 SiO_2 的标准吉布斯生成自由能 $\Delta G^\ominus$ 最小，且体系中主要成分为 Si，因此 O_2 最先与 Si 发生反应（见式（2-7））生成 SiO_2；当 T > 1827℃ 时，SiO_2 的 $\Delta G^\ominus$ 逐渐增大，SiO 的 $\Delta G^\ominus$ 变为最小，体系最先发生反应（见式（2-8））生成 SiO。由此可知，在 1412～2230℃ 精炼温度范围的标准状态下，冶金级硅中杂质元素 B 很难被 O_2 氧化为硼的氧化物 B_xO_y，只能使 Si 形成 SiO_2 和 SiO 而造成 Si 的损失。由于硼氧化物的 $\Delta G^\ominus$-T 曲线向下倾斜，而 SiO_2 的 $\Delta G^\ominus$-T 曲线正好相反，因此，在一定温度（1412～2230℃）和压力条件下，硅体系中生成的 SiO 能与 [B] 发生的反

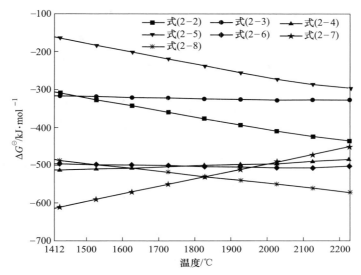

图 2-1 Si-B-O 体系 $\Delta G^{\ominus}$-T 的关系图（1mol O_2 为标准）

应见式（2-9）~式（2-13）。

$$(SiO_2) + 2[B] \Longrightarrow Si(l) + 2BO(g) \tag{2-9}$$

$$(SiO_2) + [B] \Longrightarrow Si(l) + BO_2(g) \tag{2-10}$$

$$(SiO_2) + 4/3[B] \Longrightarrow Si(l) + 2/3B_2O_3(g) \tag{2-11}$$

$$(SiO_2) + 4[B] \Longrightarrow Si(l) + 2B_2O(g) \tag{2-12}$$

$$(SiO_2) + 2[B] \Longrightarrow Si(l) + B_2O_2(g) \tag{2-13}$$

可得到反应式（2-9）~式（2-13）的 $\Delta G^{\ominus}$-T 关系如图 2-2 所示。

由图 2-2 可知，在较低的精炼温度范围内，反应式（2-9）~式（2-13）的 $\Delta G^{\ominus}$ 均为正值，在标准状态下，生成的（SiO_2）与［B］几乎不可能发生反应，但不难发现，若所有反应的 ΔG 随温度的升高急剧减小，且生成物 B_xO_y 为气态，则为增容反应。因此，改变体系的压强可使上述反应的吉布斯自由能变为负值。由此可见，利用生成的（SiO_2）的氧化性使杂质元素［B］氧化为气态硼氧化物而去除是完全可行的，为便于计算，可将反应式（2-9）~式（2-13）综合表示为：

$$(SiO_2) + \frac{2x}{y}[B] \Longrightarrow Si(l) + \frac{2}{y}B_xO_y(g) \tag{2-14}$$

在 1412~2230℃ 的精炼温度范围内，式（2-14）的等温方程可表示为：

$$\Delta G = \Delta G^{\ominus} + 2.303RT\lg\frac{(p_{B_xO_y}/p^{\ominus})^{2/y} \cdot a_{Si}}{a_{[B]}^{2x/y} \cdot a_{SiO_2}} \tag{2-15}$$

该体系中，液态 Si 和生成的（SiO_2）活度可看作 1，即 $a_{Si} = 1$，$a_{SiO_2} = 1$，对于

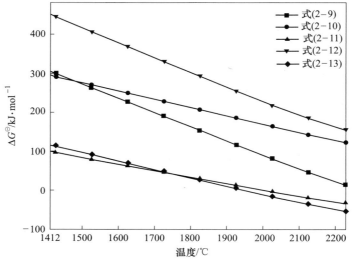

图 2-2 [B] 与 SiO$_2$ 反应的 $\Delta G^{\ominus}$-T 的关系图

熔融态的冶金级硅，由于各杂质的浓度均很低，因此可以看作是稀溶液，此时硅中的杂质元素 B 视为溶质而遵从亨利定律。以元素 B 在硅中的质量分数表示时，选取遵从亨利定律 $w_{[B]}/w^{\ominus}=1$ 的状态为标准态，则 $a_{[B]}=(w_{[B]}/w^{\ominus})\cdot f_{[B]}$，若当 $w_{[B]}/w^{\ominus}\rightarrow 0$ 时，$f_{[B]}=1$，即 $a_{[B]}=w_{[B]}/w^{\ominus}$（$w_{[B]}$ 为 B 在 Si 中的质量分数；$w^{\ominus}=1$；$f_{[B]}$ 为 B 的活度系数）。此时，式（2-15）可简化为式（2-16）：

$$\Delta G = \Delta G^{\ominus} + 2.303RT\lg \frac{(p_{B_xO_y}/p^{\ominus})^{2/y}}{(w_{[B]}/w^{\ominus})^{2x/y}} \tag{2-16}$$

假设氧化精炼后体系达到平衡时，硅中硼的浓度 $w_{[B]}=2.0\times10^{-6}$，则 $a_{[B]}=w_{[B]}/w^{\ominus}=2.0\times10^{-4}$。令 $\Delta G=0$，则：

$$\lg(p_{B_xO_y}/p^{\ominus}) = x\lg(2.0\times10^{-4}) - \frac{y\Delta G^{\ominus}}{38.3T} \tag{2-17}$$

根据式（2-17）可计算和绘制出硼气态氧化物在不同温度下的平衡分压 $\lg(p_{B_xO_y}/p^{\ominus})$ 随温度 T 的变化曲线，如图 2-3 所示。

从图 2-3 可以看到，随温度的升高各硼氧化物的挥发性急剧增加，在硼气态氧化物中，BO 的挥发性最大，平衡分压可达到 $10^{-3}\sim10$Pa，B_2O_2、B_2O_3 和 B_2O 的挥发性较差，而 BO_2 的挥发性最小，平衡分压在 $10^{-9}\sim10^{-5}$Pa，因此，在精炼温度范围内，利用 O_2 为氧化气氛时，杂质元素 B 主要以硼气态氧化物 BO 的形式得到去除，少量会以 B_2O_2、B_2O_3 和 B_2O 的形式挥发，而 B_2O 的生成趋势最弱。由此可见，利用 O_2 作为氧化性气氛除去冶金级硅中杂质元素 B 是可行的，但由

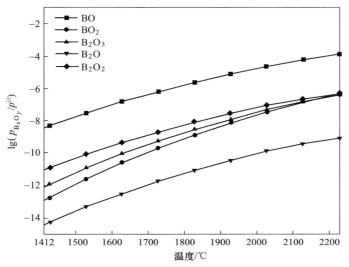

图 2-3　气态硼氧化物平衡分压随温度的关系

于硼气态氧化物的平衡分压均很低，硅中硼的去除程度会受到限制。

同时，利用等温方程式（2-16）可计算出一定温度下体系中氧化精炼达到平衡时，硅中硼含量 $w_{[B]}$ 与硼气态氧化物平衡分压 $\lg(p_{B_xO_y}/p^{\ominus})$ 的关系：

$$\lg(p_{B_xO_y}/p^{\ominus}) = x\lg(w_{[B]}/w^{\ominus}) - \frac{y\Delta G^{\ominus}}{38.3T} \qquad (2\text{-}18)$$

由式（2-18）可以得到在 1412～2230℃下利用氧气氧化去除冶金级硅中杂质元素硼时硅中平衡硼含量与硼气态氧化物分压的关系，如图 2-4 所示。

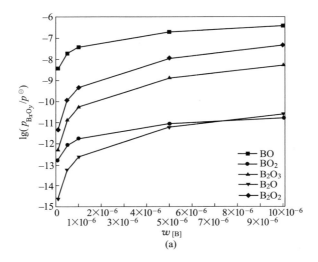

(a)

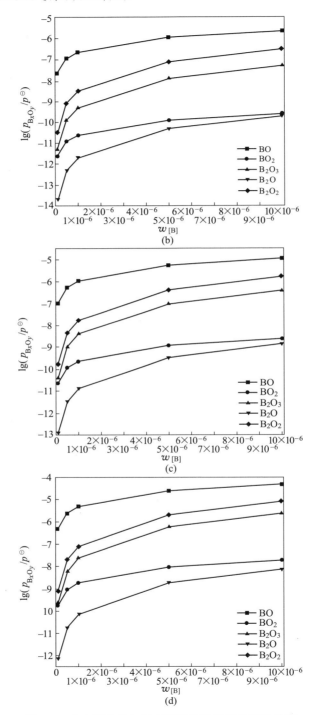

图 2-4　硅中硼含量与气态硼氧化物平衡分压的关系

（a）$T=1450℃$；（b）$T=1550℃$；（c）$T=1650℃$；（d）$T=1750℃$

从图 2-4 可以看到，随着冶金级硅熔体杂质硼含量（质量分数）从 $10 \times 10^{-4}\%$ 降低至 $0.1 \times 10^{-4}\%$，气相中 B_xO_y 的平衡分压急剧降低，因此要将杂质含量降至较低的程度（如小于 $5 \times 10^{-4}\%$）需要极低的 B_xO_y 平衡分压。在 1450℃时，各种硼气态氧化物中，BO 的挥发性最大，硅中硼含量降低至 $5 \times 10^{-4}\%$ 时，其平衡分压约为 0.01Pa，其次为 B_2O_2 和 B_2O_3，而 BO_2 和 B_2O 的挥发性最小；随温度的升高，硼氧化物的挥发性增强，在 1750℃时，将硼含量降低至 $5 \times 10^{-4}\%$ 时，BO 的平衡分压为 2.5Pa，而降低至 $0.1 \times 10^{-4}\%$ 时，BO 的平衡分压为 0.05Pa，比 $5 \times 10^{-4}\%$ 时降低 50 倍，同时，升高温度，硼气态氧化物的分压显著提高。因此，在精炼温度范围内，适当提高 O_2 氧化精炼温度有利于硅熔体中杂质元素硼的有效去除。

2.2.2 Ar-H₂O-O₂吹气精炼热力学

同样，由热力学手册[20]可知，B-H-O 间可形成 BHO、BHO_2、BH_2O_2、BH_3O_3、$B_2H_4O_4$、$B_3H_3O_3$、$B_3H_3O_6$ 等硼气态氢氧化物，因此，可推测出 1412~2230℃温度范围内 B、H_2O 和 O_2 之间生成硼气态氢氧化物的反应，见式 (2-19)~式 (2-25)。

$$4[B] + 2H_2O(g) + O_2 \Longrightarrow 4BHO(g) \tag{2-19}$$

$$4/3[B] + 2/3H_2O(g) + O_2 \Longrightarrow 4/3BHO_2(g) \tag{2-20}$$

$$2[B] + 2H_2O(g) + O_2 \Longrightarrow 2BH_2O_2(g) \tag{2-21}$$

$$4/3[B] + 2H_2O(g) + O_2 \Longrightarrow 4/3BH_3O_3(g) \tag{2-22}$$

$$2[B] + 2H_2O(g) + O_2 \Longrightarrow B_2H_4O_4(g) \tag{2-23}$$

$$4[B] + 2H_2O(g) + O_2 \Longrightarrow 4/3B_3H_3O_3(g) \tag{2-24}$$

$$4/3[B] + 2/3H_2O(g) + O_2 \Longrightarrow 4/9B_3H_3O_6(g) \tag{2-25}$$

硼气态氢氧化物 $\Delta G^\ominus$ 与 T 的关系如图 2-5 所示。

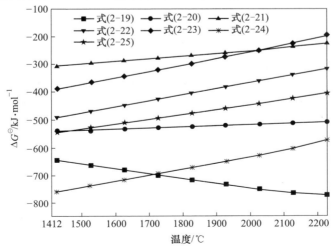

图 2-5 硼氢氧化物的 $\Delta G^\ominus$-T 关系图

由图 2-5 可知，在 1412～2230℃ 温度范围内各反应的 $\Delta G^{\ominus}$ 均为负值，且除 BHO 外各反应的 $\Delta G^{\ominus}$ 均随温度的升高而增大。由此可以推测，B 与 H_2O-O_2 混合气体可生成硼氢氧化物（$B_xH_zO_y$），在较低的温度下，元素 B 的优先氧化顺序为 $B_3H_3O_3$>BHO>BHO_2>$B_3H_3O_6$>BH_3O_3>$B_2H_4O_4$>BH_2O_2，当精炼温度较低时（小于 1727℃），$B_3H_3O_3$ 最容易生成，而当精炼温度较高时（大于 1727℃），最容易生成的硼氢氧化物是 BHO。

反应式（2-19）～式（2-25）可表示为：

$$\frac{4x}{2y-z}[\text{B}] + \frac{2z}{2y-z}\text{H}_2\text{O}(\text{g}) + \text{O}_2 =\!=\!= \frac{4}{2y-z}(\text{B}_x\text{H}_z\text{O}_y)(\text{g}) \qquad (2\text{-}26)$$

式（2-26）的等温方程式可表示为：

$$\Delta G = \Delta G^{\ominus} + 2.303RT\lg\frac{(p_{\text{B}_x\text{H}_z\text{O}_y}/p^{\ominus})^{4/(2y-z)}}{(p_{\text{H}_2\text{O}}/p^{\ominus})^{2z/(2y-z)} \cdot (p_{\text{O}_2}/p^{\ominus}) \cdot a_{[\text{B}]}^{4x/(2y-z)}} \qquad (2\text{-}27)$$

与 O_2 氧化精炼一样，当反应达到平衡时，假设硅中硼的质量分数仍为 $w_{[\text{B}]}$ = 2.0×10^{-4}%，则 $a_{[\text{B}]}$ = 2.0×10^{-2}%。从反应式（2-19）～式（2-25）可知，H_2O 与 O_2 物质的量比 $(2z/2y-z)_{\text{max}}$ = 2。因此，该计算过程取 $(p_{\text{H}_2\text{O}}/p^{\ominus})/(p_{\text{O}_2}/p^{\ominus})$ = 2，令 $\Delta G = 0$，可得式（2-28）：

$$\lg(p_{\text{B}_x\text{H}_z\text{O}_y}/p^{\ominus}) = -3.7x - 0.425z - 1.15y - \frac{(2y-z)\Delta G^{\ominus}}{76.56T} \qquad (2\text{-}28)$$

根据式（2-28）计算出反应式（2-19）～式（2-25）在精炼温度范围内的 $\lg(p_{\text{B}_x\text{H}_z\text{O}_y}/p^{\ominus})$ 值，可得到硼氢氧化物（$B_xH_zO_y$）平衡分压 $\lg(p_{\text{B}_x\text{H}_z\text{O}_y}/p^{\ominus})$ 与温度 T 的关系，如图 2-6 所示。

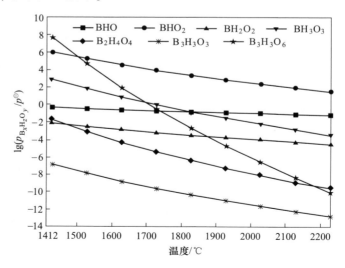

图 2-6　气态硼氢氧化物平衡分压与温度的关系

由图 2-6 可以看到，除 BHO 外，各气态硼氢氧化物（$B_xH_zO_y$）分压均随精炼温度的升高而降低，很显然，$B_3H_3O_6$ 的这种趋势最大，这与硼氧化物挥发的情况正好相反。从图中各曲线的位置可以看到和推测出，由于 $B_3H_3O_6$ 和 BHO_2 的平衡分压最大，硅中硼元素应该主要以 $B_3H_3O_6$ 和 BHO_2 的形式挥发。此外，由于温度升高反而会使硼氢氧化物的分压降低，因此，更适宜在较低的温度下进行 H_2O-O_2 混合气体的氧化精炼除硼，此时硼氢氧化物平衡分压的大小顺序为 $B_3H_3O_6 > BHO_2 > BH_3O_3 > BHO > B_2H_4O_4 > BH_2O_2 > B_3H_3O_3$。

同时，利用等温方程式（2-27）可计算出一定温度下体系氧化精炼后达到平衡时，硅中硼含量 $w_{[B]}$ 与硼气态氧化物平衡分压 $\lg(p_{B_xH_zO_y}/p^\ominus)$ 的关系式：

$$\lg(w_{[B]}/w^\ominus) = \frac{1}{x}\lg(p_{B_xH_zO_y}/p^\ominus) - \frac{z}{2x}\lg(p_{H_2O}/p^\ominus) -$$

$$\frac{2y-z}{4x}\lg(p_{O_2}/p^\ominus) + \frac{2y-z}{4x}\cdot\frac{\Delta G^\ominus}{38.3T} \quad (2-29)$$

该计算过程仍然取 $(p_{H_2O}/p^\ominus)/(p_{O_2}/p^\ominus) = 2$，则可得到式（2-30）：

$$\lg(p_{B_xH_zO_y}/p^\ominus) = x\lg(w_{[B]}/w^\ominus) - (2y-z)\frac{\Delta G^\ominus}{153.2T} - (1.15y + 0.425z)$$

$$(2-30)$$

从而得到 1412~2230℃ 下利用 H_2O-O_2 去除冶金级硅中杂质元素硼时硅中硼含量与气态硼氢氧化物的分压关系，如图 2-7 所示。

从图 2-7 可以看到，随着冶金级硅熔体杂质硼含量（质量分数）从 10×10^{-4}% 降低至 0.1×10^{-4}%，气相中 $B_xH_zO_y$ 的平衡分压急剧降低，因此，将杂质硼含量降至较低的程度时（如小于 1×10^{-4}%），$B_xH_zO_y$ 的平衡分压将会大大降低，在 1450℃ 时，各种硼气态氢氧化物中，挥发性最大的是 BHO_2 和 $B_3H_3O_6$，当达到平衡时，硅中硼含量降低至 5×10^{-4}% ~ 10×10^{-4}% 时，其平衡分压达到 10^5 Pa 以上，将硼含量降低至 0.1×10^{-4}% 时，BHO_2 的平衡分压为 2500Pa，而 $B_3H_3O_6$ 仅为 2.0Pa。在 1750℃ 时，将硼含量降低至 5×10^{-4}% 时，BHO_2 的平衡分压为 94400Pa，而降低至 0.1×10^{-4}% 时，其平衡分压为 2000Pa。因此，从硼的热力学去除限度来看，通过 H_2O-O_2 混合气体氧化精炼，冶金级硅中的杂质硼元素含量完全可以达到 0.1×10^{-4}% 以下甚至更低。研究还发现，随温度从 1450℃ 升高至 1750℃，各硼氢氧化物的挥发性稍微降低，这与 O_2 氧化精炼除硼恰好相反。因此，当采用 H_2O-O_2 混合气体氧化精炼时，为了更有效地去除硅中杂质元素硼，在保持精炼体系为液态的情况下，精炼过程应尽可能在较低的温度下进行。

由热力学平衡计算与分析可知，采用单独的 O_2 气氛和 H_2O-O_2 的混合气体均可使冶金级硅中的杂质硼元素分别以气态硼氧化物（B_xO_y）和硼氢氧化物（$B_xH_zO_y$）的形式挥发去除，但 H_2O-O_2 混合气体氧化精炼去除硼的程度远远高于

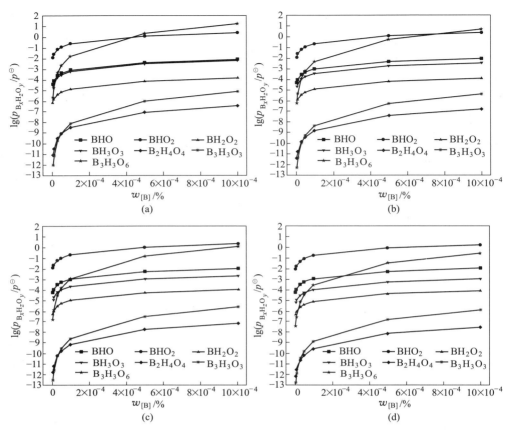

图 2-7　硅中硼含量与气态硼氢氧化物平衡分压的关系

（a）$T = 1450℃$；（b）$T = 1550℃$；（c）$T = 1650℃$；（d）$T = 1750℃$

O_2 的氧化精炼，且低温更有利于 $B_xH_zO_y$ 生成。因此，对于冶金级硅中杂质元素硼的氧化精炼去除，更适宜于采用 H_2O-O_2 混合气体且在高于硅熔点的较低精炼温度范围内进行。本书与 Alemanya[21] 的结果具有相似的规律性，Alemanya 计算了 1700~2300K 条件下硼在 H_2 和 O_2 混合气体中的反应热力学（见图 2-8），研究表明，硅中的杂质主要以 BHO、BO、BH_2 和 B_2O_2 的形式挥发，且在 1850K 时，BHO 的挥发性是 BO 的 10 倍，因此在 H_2 和 O_2 混合气体中硅中的硼元素主要以 BHO 的形式挥发。

2.2.3　Ar-H_2O-H_2 吹气精炼热力学

在硅熔体中通入 H_2O 和 H_2 的混合气体进行精炼，研究发现：在吹气氧化精炼过程中，硅熔体中的杂质元素 B 与 H_2 和生成的 SiO 反应生成 HBO，并以蒸气相的形式去除，反应可表示为：

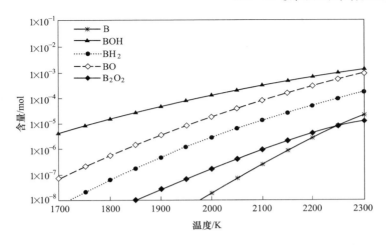

图 2-8　主要的气态硼化物（反应气体：H_2O；初始 B/Si：10^{-4}）

$$B + SiO + 1/2H_2 \Longrightarrow HBO + Si \qquad (2\text{-}31)$$

除了形成 HBO 蒸气相外，生成的杂质相也能进入渣相，过程的热力学分析表明硅中杂质元素 B 和 P 的有效去除不是直接的气相蒸发，因为在平衡条件下，进入蒸发相中的 B 和 P 比进入液相硅中的 B 和 P 要少得多，这样导致液相硅中 B 和 P 浓度较高。虽然蒸发的方法不能直接将元素 B 去除，但由于 HBO 在很多条件下是很稳定的蒸发相，因此 HBO 是吹气氧化精炼过程杂质硼去除最重要的形式。

硅熔体相对于硼是稀溶液，并且遵循亨利定律（硼的活度系数 $f_{[B]}=1$）。文献中，HBO(g) 被认为是最易挥发的硼物质[22~24]，这与目前的计算一致，如图 2-9 所示。图 2-9 的热力学数据取自最新的 NISTJANAF[25]。HBO 的挥发性比最稳定的氧化硼和氢化物约大两个数量级。然而，该系统中气态硼物质的分压通常很低，以致于难以在实践中有效去除硼。用 $96.8\%H_2 + 3.2\%H_2O$ 的混合气体处理含有 10×10^{-5} 硼的 200g 硅熔体，根据 SiO 和 HBO 的分压，约 14% 的 Si 和 18% 的 B 在平衡时蒸发。

冶金级硅的吹气氧化精炼研究表明，在 1685~2500K 温度下利用 O_2 氧化精炼时，冶金级硅中的杂质元素 B 分别以 BO、B_2O_2 和 B_2O_3 等气态氧化物（B_xO_y）的形式挥发去除，平衡时 B_xO_y 的分压可达到 10^{-3} ~ 10Pa，且温度越高，对硼氧化物的挥发越有利。利用 $H_2O\text{-}O_2$ 混合气体氧化精炼时，B 主要以 $B_3H_3O_6$、BHO_2、BH_3O_3 和 BHO 等的气态氢氧化物（$B_xH_zO_y$）的形式挥发去除，$B_xH_zO_y$ 平衡分压为同条件下 B_xO_y 的 10^5 ~ 10^{10} 倍，且蒸气压与温度的关系与 B_xO_y 正好相反，低温更有利于硼氢氧化物的挥发。

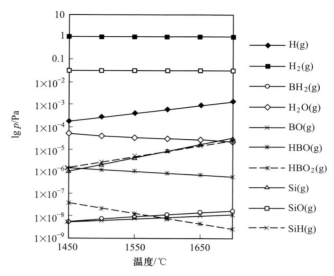

图 2-9　96.8% H_2+3.2% H_2O-Si-B 体系中不同温度下气态物分压（B：Si = 10×10^{-6}）

2.3　工业硅吹气精炼提纯技术

2.3.1　Cl_2 和 CO_2 吹气精炼去除杂质

炉外精炼是降低冶金级硅中杂质含量，提纯和制备太阳能级硅的重要环节。炉外精炼主要有氧化精炼和氯化精炼，氯化精炼虽然对降低杂质含量有较好的效果，但由于对人体和环境的严重污染已经被淘汰。虽然氯化吹气精炼工业硅的方法目前已经被淘汰，然而在 21 世纪 60 年代中期是比较普遍的工业硅精炼方法，这种方法的具体做法为：首先当硅熔体积在抬包中的量达到抬包体积的三分之一后，打开氯气阀门，在硅熔体中通入氯气，待精炼完成后，先取出吹气管，之后停止氯气的输送，完成氯化精炼操作。由于氯气是危险性的气体，在抬包上方必须要加集气罩，收集出炉烟气和氯化精炼时排出的气体。

向熔体硅中通入氯气进行工业硅精炼有两方面的作用：（1）物理作用：首先，向具有流动性的硅熔体中通入氯气后，可使得在精炼初期，精炼抬包中微小的熔渣颗粒在氯气气泡的作用下更加易于聚集成尺寸更大的熔渣相，这样就更加有利于利用熔体与硅的密度差来进行渣硅的分离。（2）化学作用：在高温下，氯气可与硅熔体中的 Fe、Al、Ca 和 B 等这些杂质元素发生化学反应，形成易于挥发的气态氯化物从硅熔体中逸出。从热力学研究结果表明，硅熔体中通入氯气后，无论杂质 Ca 是以金属形态还是氯化物形态都会挥发出去，并且氯化速率快。

由于在硅熔体中硅的活度比杂质铁大很多，因此铁不易用氯气去除，通氯气除铁的效果甚微。表 2-1 为硅熔体中通入氯气前后硅中杂质含量。

表 2-1　工业硅氯化精炼前后的杂质含量

编号	氯化时间/min	氯气流量/L·h⁻¹	氯化前杂质含量/%			氯化后杂质含量/%			去除率/%		
			Fe	Al	Ca	Fe	Al	Ca	Fe	Al	Ca
1	20	750	0.224	0.162	0.440	0.218	0.105	0.135	2.7	35	69
2	20	1100	0.308	0.169	0.430	0.406	0.081	0.025	−32	52	94
3	20	2400	0.308	0.169	0.430	0.350	0.067	0.025	−13.6	60	94
4	50	1200	0.230	0.180	0.360	0.360	0.060	0.010	−56	66	97

杂质去除率就是在吹氯气精炼之后，工业硅中去除的杂质部分占精炼前工业硅中杂质的原始含量百分比。以钙减少率的计算为例，则去除率的计算公式为：

$$钙的去除率 = \frac{通氯气前硅中钙含量 - 通氯气精炼后硅中钙含量}{通氯气前钙含量} \times 100\%$$

在表 2-1 中可以明显地看到 Fe 的去除率是负的，也就是在氯气精炼过程中，Fe 杂质没有被除掉，反而因操作代入了杂质 Fe。而 Ca 与 Al 的去除率是很高的。

在实际生产中，一般所采用氯气的压力为 0.25MPa，生产每吨硅的氯气单耗为 10~15kg。实际的通气精炼时间选择为 20~25min。氯气流量为 1000L/h，此时能得到较好的除杂效果，如果再延长精炼时间会造成硅的损失。

因为氯气在抬包中上升的速率是很快的，在工艺条件允许的情况下，适当的增加通气时间，减小氯气的流量更加有利于硅中杂质的去除。有时为了提高熔体硅中杂质的去除效果和氯气利用率，通常将氯气与氮气或者氧气按一定比例混合进行吹气精炼操作，这样也能得到较好的除杂效果。

在严格选取原料和合理的操作制度下，采用吹氯气精炼法可以将硅中的钙含量降低到 0.1% 以下，满足生产冷轧硅钢需要的特级硅。表 2-2 和表 2-3 分别为我国某场采用吹氯气法得到的工业硅和特级硅中杂质含量标准。

表 2-2　吹氯气法得到的工业硅成分含量　　　　　　（%）

元素	Si	Fe	Al	Ca	V	Mn	C	P	S	Ti	Cr	Cu	Ni
含量	99.203	0.33	0.27	0.07	0.002	0.006	0.011	0.008	0.002	0.089	0.001	0.003	0.005

表 2-3　特级硅杂质含量　　　　　　（%）

元素	Fe	Al	Ca	V	Mn	C	P	S	Ti	Cr	Cu	Ni
含量	≤2	≤0.1	≤0.05	≤0.1	≤0.1	≤0.1	≤0.05	≤0.05	≤0.05	≤0.1	≤0.1	≤0.4

目前，通用的氧化吹气精练技术是硅熔体中通入氧化性气体进行精炼工业硅。

Suzuki 等人[26]分别研究了利用 Ar 作为介质气体与 O_2、H_2O、CO_2 三种气体单独或者混合作为反应气体吹入硅熔体中，通过研究发现：当采用 O_2 和 CO_2 作为介质气体进行氧化精炼时，除杂效果不是很好，分析原因是硅熔体表面形成保护膜 SiO_2，从而阻止化学反应的进行，相反使用水蒸气的介质作为反应气体时，除杂效果得到大大改善，在反应过程中水蒸气能够防止 SiO_2 薄膜的生成，并且能使硅中杂质变成容易挥发性的化合物，从而使除硼效率大大提高。

冶金级硅精炼除硼，除了吹工业氧、湿氧和湿氢外，有研究人员提出采用吹氯气的方法将硅中的杂质硼氧化形成具有挥发性质的 BCl_x 气体，这样就可以将冶金级硅中的杂质硼与硅熔体进行有效的分离。

2.3.2　Ar-O_2吹气精炼去除杂质

当气体氧与硅熔体表面接触时，发生下列直接氧化反应：

$$2x/y[M] + O_2(g) \longrightarrow 2/y(M_xO_y) \tag{2-32}$$

$$2[M] + O_2(g) \longrightarrow 2(MO) \tag{2-33}$$

$$Si(l) + O_2(g) \longrightarrow 2(SiO_2) \tag{2-34}$$

根据氧化物艾琳汉姆图可知，标准状态下熔池中元素形成氧化物的稳定性或氧化的顺序。位置越低的氧化物越稳定，而该元素越容易氧化。即使溶解元素 [M] 与氧元素有较大的亲和力，但 $Si(l)$ 的氧化是绝大的优势。因为熔池表面硅原子数远比被氧化元素的原子数多，在与气体氧接触的硅液面上，瞬间有 SiO_2 膜形成，再将易氧化元素的氧化物和熔剂结合形成熔渣层。(SiO_2) 在向渣-硅液界面扩散，一方面作为氧化剂，去氧化从熔池中扩散到渣-硅液界面的元素，发生间接氧化反应见式 (2-35)，另一方面也按分配定律，以溶解氧原子的形式 [O] 进入硅熔体，氧化其内的元素见式 (2-36) 和式 (2-37)。

$$2[M] + (SiO_2) \longrightarrow 2(MO) + [Si] \tag{2-35}$$

$$(SiO_2) \longrightarrow [Si] + 2[O] \tag{2-36}$$

$$x[M] + y[O] \longrightarrow (M_xO_y) \tag{2-37}$$

式 (2-36) 和式 (2-37) 称为间接氧化。熔池中作为氧化剂的氧会有 3 种形式：气体 O_2、熔渣中的 SiO_2 和溶解在硅液中的 [O]。硅熔体中残存的 [M] 不是与 O_2 保持平衡，而是与 [O] 或 (SiO_2) 保持平衡。

元素氧化的速率决定于渣中 (SiO_2) 及硅液中 [M] 这两个扩散流中的较小者。硅液中影响元素氧化速率的因素是很复杂的，有熔体动力学、熔体的物性和操作因素 (T、m_s、m_m) 等。这些因素在冶炼过程不断有改变，因而元素氧化动力学计算也就比较难以得到确切的数值，一般只有一些近似值。

从图 2-10 的 EPMA 图像可以看出杂质的主体是 Al 和 Fe，判断分别是 Al-Si 和 Fe-Si 合金组织，可能还有铝铁尖晶石 FeO·Al$_2$O$_3$。精炼后几乎很难检测到 Ca 元素。

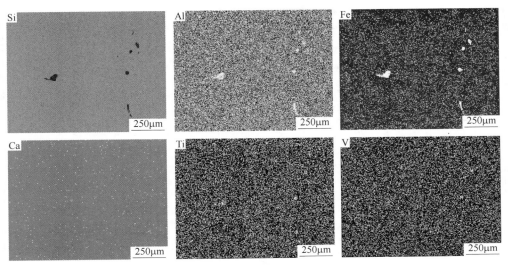

图 2-10　工业硅吹氧精炼 90min 的杂质 EPMA 分布图

精炼前各杂质组元呈枝状分布在工业硅样品中，精炼 90min 后，Ca 杂质几乎消失，吹氧精炼对除 Ca 杂质有效，可能存在以下反应：

$$2[Ca] + (SiO_2) \longrightarrow 2(CaO) + [Si] \tag{2-38}$$

开始时熔池表面硅原子数远比被氧化的钙原子数多，在与气体氧接触的硅液面上，瞬间有 SiO$_2$ 膜形成，并与易氧化元素的氧化物结合熔剂形成熔渣层。(SiO$_2$) 可能作为氧化剂，一方面去氧化从金属熔池中扩散渣-金属界面的元素，发生间接氧化反应，另一方面 (SiO$_2$) 也按分配定律，以溶解氧原子的形式 [O] 进入硅熔体，氧化其内熔解的 Ca。

精炼时间与渣量的关系如图 2-11 所示，随着精炼时间的增加，精炼后渣量升高，而精炼后的硅量在减少，说明精炼时间会影响熔池中熔体的氧化量，随着精炼时间的延长，生成氧化物增多。

在图 2-12 中，随着精炼时间的增加硅损失率增加，90min 达到最大为 5.24%，说明随着精炼的进行，熔体中的硅也在不断被氧化，生成硅的氧化物，和杂质元素的氧化物一起与熔剂组成渣系。在渣硅界面上，渣中的 (SiO$_2$) 又被扩散到渣硅界面的杂质元素 [M] 还原成 [Si] 向熔体中扩散。当然，相界面的传质会随着时间的推移达到动态的平衡，因此从图 2-12 中可以看出硅的损失速率在减慢。

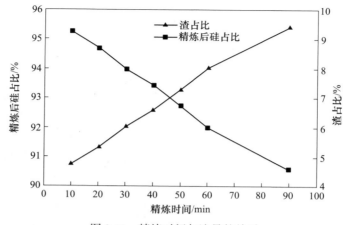

图 2-11　精炼时间与渣量的关系

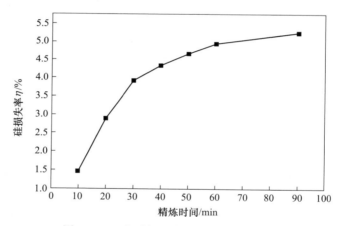

图 2-12　工业硅损失率与精炼时间的关系

通过对精炼后样品进行 ICP 检测，得到了图 2-13 所示精炼时间对精炼硅中部分杂质元素含量的影响。Al 的初始含量为 0.21%，在 1550℃下经过 90min 的精炼后，Al 的含量降低到 0.04%。由图 2-13 数据可知，Al 含量随精炼时间的延长而降低，并且降低的速率逐渐变慢。因为随着反应的进行，硅熔体中的杂质含量变少，速率限制环节发生变化，反应速率也随之改变；其次，也有可能是硅熔体被氧化在反应界面处结壳，导致有效反应面积减小，故而使反应速率变慢[27]。

实验时分配常数 L_{Al} 可按下式计算：

$$L_{Al} = \frac{c_{Al_2O_3}}{c_{Al}} = K \tag{2-39}$$

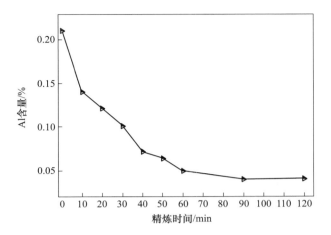

图 2-13 精炼时间对工业硅中杂质 Al 元素含量的影响

$$\lg L_{Al} = \frac{-\Delta G_1^{\ominus}}{19.147T} = -6.04 + \frac{34928.58}{T} \qquad (2\text{-}40)$$

得到 $T = 1823K$ 时，$L_{Al} = 1.31 \times 10^{13}$。

由于工业硅中杂质含量较低，渣的成分主要是 SiO_2，因此硅液密度近似等于纯硅的密度，$\rho_m = 2.56\text{g/cm}^3$，熔渣的密度近似等于 SiO_2 的密度，$\rho_s = 2.32\text{g/cm}^3$，所以以质量浓度计算的分配常数得：

$$L_{Al(\%)} = L_{Al} \times \frac{\rho_m}{\rho_s} \times \frac{M_{Al_2O_3}}{M_{Al}} = 1.31 \times 10^{13} \times \frac{2.56}{2.32} \times \frac{102}{27} = 5.47 \times 10^{13}$$
$$(2\text{-}41)$$

当 $t \to \infty$ 时，反应达到平衡时有：

$$w_{[Al]\text{平}} = \frac{b}{a} = \frac{w_{[Al]^{\ominus}} \times \dfrac{M_{Al_2O_3}}{M_{Al}}}{L_{Al(\%)} \times \dfrac{m_s}{m_m} + \dfrac{M_{Al_2O_3}}{M_{Al}}} \qquad (2\text{-}42)$$

工业硅中 Al 元素的初始质量分数 $w_{[Al]^{\ominus}} = 0.210$。利用 $\lg \dfrac{w_{[Al]^{\ominus}}}{w_{[Al]}}$ 对时间作图，根据斜率就可以求出 Al 在硅液中的传质系数，如图 2-14 所示，实验时，所有样品测量高度时，每个样品取 3 个位置测量，然后取平均值。经测量，硅液高度在 3.0~3.4cm 之间，取平均值得 $1/h = 1/0.0304$。

精炼到 90min 时传质变慢，为了拟合更准确，舍去第 90min 的数据。根据拟合后的曲线，斜率 $k = 0.0108$，线性相关度 $R^2 = 0.99$。

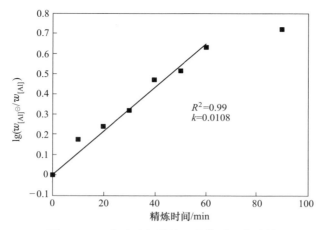

图 2-14　工业硅吹氧精炼后的传质系数计算

$$\beta_{Al} = \frac{k \times h \times 2.3}{60} = 1.26 \times 10^{-5} \text{m/s}$$

$$k_{Al} = \beta_{Al} \times \frac{A}{V} = \beta_{Al} \times \frac{1}{h} = 4.14 \times 10^{-4} \text{s}^{-1}$$

式中，A 为反应界面面积；V 为体积。

Al 元素在硅熔体中的传质系数 $\beta_{Al} = 1.26 \times 10^{-5} \text{m/s}$，Al 元素氧化反应的容量速率常数 $k_{Al} = 4.14 \times 10^{-4} \text{s}^{-1}$。

传质系数的计算是基于精炼过程中硅中杂质浓度随时间变化的结果，由精炼后硅样品的 ICP-AES 检测数据可知，硅中的杂质 Ca 在反应初期就已除去，Fe 的含量几乎没有发生变化，而 Al 的含量逐渐减少。

杂质 Al 氧化的动力学方程见式（2-43）。根据图 2-13 所示的实验结果，$\ln \frac{w_{[Al]^{\ominus}}}{w_{[Al]}}$ 对 t 的关系如图 2-15 所示。从图 2-15 中可以看出，$\ln \frac{w_{[Al]^{\ominus}}}{w_{[Al]}}$ 与 t 之间有良好的线性关系。因此式（2-44）作为速率表达式是合理的，其去除反应为一阶反应。根据图 2-15 拟合的斜率，计算可得 Al 氧化反应的表观速率常数 k_{Al} 为 $3.83 \times 10^{-4} \text{s}^{-1}$。

$$\ln \frac{w_{[Al]}}{w_{[Al]^{\ominus}}} = k_{Al} \cdot t \tag{2-43}$$

$$\ln \frac{w_{[M]}}{w_{[M]^{\ominus}}} = -k_M \cdot t \tag{2-44}$$

冶金级硅吹氧精炼后的样品如图 2-16 所示，硅熔体的形状像一个圆台体。在实验过程中，硅熔体的反应界面处于动态变化，根据实验后的平均样品高度，

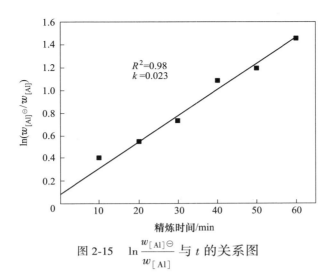

图 2-15 $\ln\dfrac{w_{[\mathrm{Al}]^{\ominus}}}{w_{[\mathrm{Al}]}}$ 与 t 的关系图

以及考虑到冶金级硅原料精炼后体积略有减小，对反应的界面面积进行合理估计，约为 $2.38\times10^{-3}\mathrm{m}^2$，最后算得 A/V 的值为 $36.7\mathrm{m}^{-1}$。由于 k_{Al} 的值已知，则 β_{Al} 的值可由式（2-45）计算，算得杂质 Al 在硅熔体中的传质系数 β_{Al} 为 $1.04\times10^{-5}\mathrm{m/s}$。

$$k_{\mathrm{M}} = \beta_{\mathrm{M}} \times A/V \tag{2-45}$$

式中，A/V 为单位体积熔渣-硅液的界面面积，m^{-1}；β_{M} 为 M 的传质系数，$\mathrm{m/s}$。

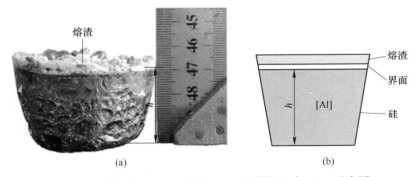

图 2-16 吹氧精炼后的硅样品（a）与坩埚尺寸（b）示意图

Suzuki 等人[28]在 $2.7\times10^{-2}\mathrm{Pa}$、1550℃的条件下，对 $2.0\times10^{-2}\mathrm{kg}$ 的 Mg-Si 进行了电磁感应熔炼，所得到的 β_{Al} 为 $1.5\times10^{-5}\mathrm{m/s}$，与本实验结果相比略大。这是由于其所采用的电磁感应的加热方式对熔融硅具有电磁搅拌的效果，加快了杂质在液相中的扩散，使得传质系数较大。

2.3.3　Al-H$_2$O-O$_2$吹气精炼去除杂质

伍继君等人[29]对工业硅的吹气氧化精炼研究表明，在 1685~2500K 温度下利用 O$_2$氧化精炼时，工业硅中的杂质元素 B 分别以 BO、B$_2$O$_2$和 B$_2$O$_3$等气态氧化物（B$_x$O$_y$）的形式挥发去除，平衡时 B$_x$O$_y$的分压可达到 0.01~10Pa，且温度越高，对硼氧化物的挥发越有利。在抬包中吹入氧气研究表明，Ca 质量分数由 1.84%降低至 3.20×10^{-4}，Al 质量分数由 1.24%降至 8.80×10^{-4}，Ca、Al 的去除率分别达到 98.2%和 92.9%，B 的去除率接近 50%，其含量从 3.5×10^{-5}降低至 1.8×10^{-5}。

昆明理工大学伍继君等人[30]利用吹气氧化精炼除去硅中杂质元素硼，分别研究了在氧气气氛下和氧气与水蒸气混合气氛下氧化精炼除杂的热力学条件。研究结果表明：在氧气的气氛下精炼硅时，硅中的杂质元素硼，主要被氧化成 BO、BO$_2$、B$_2$O$_3$、B$_2$O、B$_2$O$_2$等硼的氧化物，并且计算出了硼氧化物的分压与温度的关系，如图 2-17 所示。在 1700~2500K 的精炼温度范围内，随着温度的升高，各种硼化合物的分压呈升高的趋势，氧化物挥发性的顺序是 BO>B$_2$O$_2$>B$_2$O$_3$>B$_2$O>BO$_2$，在氧气气氛下，硅中的杂质硼，主要以 BO 的形式挥发。

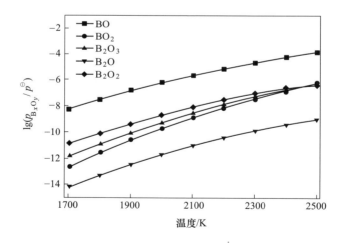

图 2-17　硼氧化物的分压与温度的关系图

熔体冶金级硅中的硼杂质很容易被氧化形成硼的挥发性化合物而与熔体硅分离，通入的氧化性气体不仅能够氧化杂质硼，同时对整个硅熔体也有一定的搅拌作用，这样就增强了除硼的动力学条件，加速 B$_2$O$_3$的形成并向熔体表面转移，因此，加快了杂质的氧化和氧化物从硅熔体中逸出。

2.3.4　Ar-H₂-水蒸气吹气精炼去除杂质

挪威科技大学 Erlend F. Nordstarand 等人[31]分别利用 Ar、H₂、水蒸气及 H₂+水蒸气和 Ar+H₂+水蒸气作为精炼气体从硅熔体表面上吹入，研究了不同气体含量、气体组分和精炼温度对除硼效果的影响，同时采用计算机模拟了整个精炼过程，并且还从动力学的角度入手分析了整个精炼过程中硼元素在硅中的传质系数。研究结果表明，在 1723~1872K 的精炼温度范围内，除硼效率随着精炼温度的升高而降低；采用纯 H₂ 作为精炼气体精炼冶金硅的时候，硅中的硼几乎不能被去除，在整个除硼过程中硼元素主要被氧化成硼的氧化物去除；采用水蒸气能够去除硅中杂质硼元素，然而在水蒸气中混入 H₂，除硼效果大大提高，实验结果如图 2-18 所示。当采用 3.2% 水蒸气+H₂ 和 7.4% 水蒸气+H₂ 气氛时，在 1500℃的精炼温度下精炼 2h，发现随着精炼气氛中的水蒸气含量不同除硼的效果也不同，采用 7.4% 水蒸气+H₂ 的气氛比 3.2% 水蒸气+H₂ 的精炼气氛除硼效果要好，也就是说，随着水蒸气增加，除硼效果大大提高。

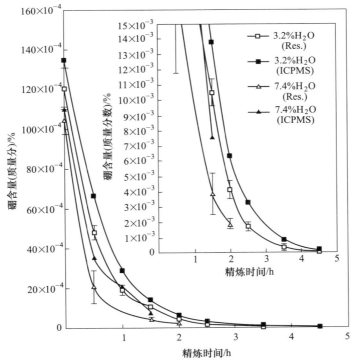

图 2-18　不同含量的水蒸气条件下硅中硼含量与精炼时间的关系

为了考察 H₂ 对除硼效果的影响，在 1500℃、3.2% 水蒸气条件下分别采用

100%H_2、24.2%H_2 + 72.6%Ar、48.4%H_2 + 48.4%Ar、72.6%H_2 + 24.2%Ar、96.8%Ar 和 100%H_2 做实验，实验结果如图 2-19 所示，研究发现，采用 100%H_2 作为精炼气体时，除硼效果最差，同时对比几组实验发现随着在 3.2%H_2O 中加入氢气，除硼效率大大提高，这说明硼主要以 BHO 的形式去除的。

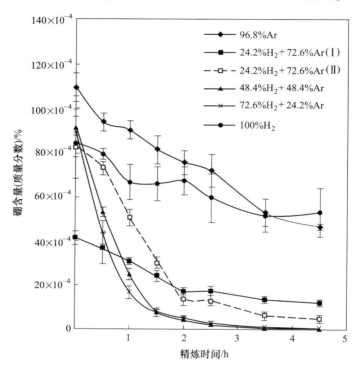

图 2-19　不同氢气含量的精炼气氛下的硅中硼含量与精炼时间的关系

　　Jafar 等人[32]通过吹气精炼在硅熔体中分别通入一定量 H_2、N_2 或者 Ar 的水蒸气的混合气体后发现，在吹气氧化精炼过程中，单质 B 会与硅熔体中溶解的 H 原子，以及硅熔体表面的水蒸气发生化学反应形成 HBO 气态化合物蒸发除去，反应方程见式（2-46）和式（2-47）。对于含 Ar 或者 N_2 的水蒸气来说，水蒸气在高温下分解得到氢原子后接着发生式（2-46）和式（2-47）的反应：

$$H_2 === 2[H] \tag{2-46}$$

$$[B] + [H] + H_2O(g) === HBO(g) + H_2 \tag{2-47}$$

　　根据 Theuerer 等人[33]的研究结果可以看出（见图 2-20），与 O_2 气氛相比，硼的氢氧化物的挥发性远远高于硼的氧化物，其中最容易挥发的是 HBO_2，从热力学的角度来看，进行吹湿氧的除硼效果要比单独吹氧的好。该研究结果表明，采用单纯的 H_2 或者水蒸气并不能够取得明显的除硼效果，然而，利用水蒸气与

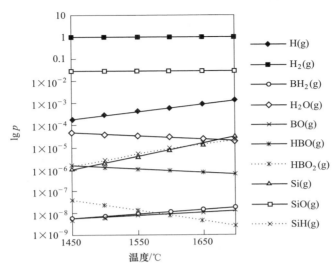

图 2-20　各化合物的分压与温度的关系图

H_2 的混合气体对除硼效果最好。最后作者测定了不同温度下吹气精炼硅除硼过程中硼的传质系数，并得到吹气精炼除硼的速率控制过程和单质硼与 H_2 和水蒸气的化学反应过程。得到传质系数在 1723 ~ 1873K 之间是随着温度的增高而降低的。

　　Tang 等人[34]分别在 1723K 和 1773K 高温下采用湿氢气进行吹炼硼含量为 5.5×10^{-5} 的硅熔体，最终得到的硅中硼含量分别为 $0.7 \times 10^{-4}\%$ 和 $3.4 \times 10^{-4}\%$，同时发现，在气体精炼过程中，硅中的硼含量与吹气时间呈指数关系，根据吹气精炼硅除硼的特点建立了能够对精炼过程起指导作用的精炼机理模型。Sortland[35]在其论文中提到，采用 H_2-H_2O 混合气体对熔体硅吹气精炼过程中，在熔体硅表面会形成 SiC 层，并且在气氛中会有 CO 和 SiO 的出现，由此得出 H_2-H_2O 混合气体精炼硅除硼的主要反应有：

$$CO(g) + 2Si(l) = SiC(s) + SiO(g) \tag{2-48}$$

$$CO(g) + 2H_2(g) + [B] + Si(l) = HBO(g) + SiC(s) \tag{2-49}$$

$$H_2O(g) = H_2(g) + [O] \tag{2-50}$$

$$Si(l) + [O] = SiO(g) \tag{2-51}$$

$$2H_2 + [O] + [B] = HBO(g) \tag{2-52}$$

参 考 文 献

[1] 刘玉芬，邰小勇，刘绪伟，等. 掺磷微晶硅薄膜的微结构及光学性质的研究 [J]. 真空科学与技术学报，2008，28（4）：365 ~ 369.

[2] 常艳，陈管壁，汪雷，等. 利用 HWCVD 在柔性衬底上制备多晶硅薄膜 [J]. 真空科学与

技术学报，2007，27（6）：475.

［3］丁朝，马文会，魏奎先，等. 造渣氧化精炼提纯冶金级硅研究进展［J］. 真空科学与技术学报，2013，33（2）：185～191.

［4］王新国，丁伟中，沈虹，等. 金属硅的氧化精炼［J］. 中国有色金属学报，2002（4）：827～831.

［5］伍继君，戴永年，马文会，等. 冶金级硅氧化精炼提纯制备太阳能级硅研究进展［J］. 真空科学与技术学报，2010，30（1）：43～49.

［6］陈德胜. 用纯氧精炼工业硅的生产实践［J］. 铁合金，2001（5）：26～27.

［7］Wu J J, Ma W H, Li Y L, et al. The rmodynamic behavior and morphology of impurities in metallurgical grade silicon in process of O_2 blowing［J］. Transactions of Nonferrous Metals Society of China, 2013, 23（1）：260～265.

［8］Chen Z Y, Morita K. Kinetic modeling of a silicon refining process in a moist hydrogen atmosphere［J］. Metallurgical and Materials Transactions B, 2018, 49（3）：1205～1212.

［9］Islam M S, Rhamdhani M A. Kinetics analysis of boron removal from silicon through reactions with CaO-SiO_2 and CaO-SiO_2-Al_2O_3 slags［J］. Metallurgical and Materials Transactions, 2018, 49.

［10］Li Y, Wu J J, Ma W. Kinetics of boron removal from metallurgical grade silicon using a slag refining technique based on CaO-SiO_2 binary system［J］. Separation Science and Technology, 2014, 49（12）：1946～1952.

［11］Suzuki K, Kumagai T, Sano N. Removal of boron from metallurgical-grade silicon by applying the plasma treatment［J］. Isij International, 1992, 32（5）：630～634.

［12］Nordstrand E F, Tangstad M. Removal of boron from silicon by moist hydrogen gas［J］. Metallurgical and Materials Transactions B, 2012, 43（4）：814～822.

［13］Ikeda T, Maeda M. Elimination of boron in molten silicon by reactive rotating plasma arc melting［J］. The Japan Institute of Metals, 1996, 37（5）：983～987.

［14］Næss M K, Young D J, Zhang J Q, et al. Active oxidation of liquid silicon: experimental investigation of kinetics［J］. Springer-Verlag, 2012, 78（5～6）：363～376.

［15］Næss M K, Olsen J E, Andersson S, et al. Parameters affecting the rate and product of liquid silicon oxidation［J］. Oxidation of Metals, 2014, 82（5～6）：395～413.

［16］Khattak C P, Joyce D B, Schmid F. Production of solar grade silicon by refining of liquid metallurgical grade silicon［J］. American Institute of Physics, 1983（83～11）：478.

［17］Fujiwara H, Otsuka R, Wada K, et al. Silicon purifying method, slag for purifying silicon and purified silicon［P］. US, 2005.

［18］Sharp C. The method of refining silicon and the refined silicon［P］. Japan, 200580023743.X, 2005.

［19］Wu J J, Ma W H, Dai Y N, et al. Removing boron from metallurgical grade silicon by vacuum oxidation refining［J］. Vacuum Science and Technology, 2010, 30（1）：43～49.

［20］Chase M W. NIST-JANAF thermochemical tables［M］.（4th）. New York: American Chemical

Society and the American Institute of Physics for the National Institute of standards and Technology, 1998: 221~1754.

[21] Alemanya C, Trassyb C. Refining of metallurgical-grade silicon by inductive plasma [J]. Solar Energy Materials & Solar Cells, 2002 (9): 1~2.

[22] Safarian J, Tang K, Hildal K, et al. Boron removal from silicon by humidified gases [J]. Metallurgical and Materials Transactions E, 2014, 13: 41~47.

[23] Lee B P, Lee H M, Park D H, et al. Refining of Mg-Si by hybrid melting using steam plasma and EMC [J]. Solar Energy Materials & Solar Cells, 2011, 95 (1): 56~58.

[24] Khattak C P, Schmid F, Joyce D B, et al. Conference proceedings-production of solargrade silicon by refining of liquid metallurgic-algrade silicon [J]. Conf. Proc. , 1999, 462: 731~736.

[25] Cai J, Li J T, Chen W H, et al. Boron removal from metallurgical silicon using CaO-SiO$_2$-CaF$_2$ Slags [J]. Transactions of Nonferrous Metals Society of China, 2011, 21: 1402~1406.

[26] Suzuki K, Sakaguchi K, Nakagiri T, et al. Gaseous removal of phosphorus and boron from molten silicon [J]. Journal of the Japan Institute of Metals, 1990, 54 (2): 161~167.

[27] Alemany C, Trassy C, Pateyron B, et al. Refining of metallurgical-grade silicon by inductive plasma [J]. Solar Energy Materials and Solar Cells, 2002, 72 (1~4): 41~48.

[28] Suzuki K, Sakaguchi K, Nakagiri T, et al. Gaseous removal of phosphorus and boron from molten silicon [J]. Japan Inst. Metals, 1990, 54 (2): 161~167.

[29] Wu J J, Ma W H, Yang B, et al. Boron removal from metallurgical grade silicon by oxidizing refining [J]. Transactions of Nonferrous Metals Society of China, 2009, 19 (2): 463~467.

[30] Wu J J, Bin Y, Dai Y, et al. Boron removal from metallurgical grade silicon by oxidizing refining [J]. Transactions of Nonferrous Metals Society of China, 2009, 19 (2): 463~467.

[31] Nordstarand E F, Tangstad M. Removal of boron from silicon by moist hydrogen gas [J]. Metallurgical and Materials Transaction B, 2012, 43: 814~821.

[32] Safarian J, Tang K, Hildal K, et al. Boron removal from silicon by humidified gases [J]. Metallurgical and Materials Transactions E, 2014, 1 (1): 41~47.

[33] Theuerer H C. Removal of boron from silicon by hydrogen water vapor treatment [J]. Journal of Metals, 1956, 8 (10): 1316~1319.

[34] Tang K, Andersson S, Nordstrand E, et al. Removal of boron in silicon by H$_2$-H$_2$O gas mixtures [J]. JOM, 2012, 64 (8): 952~956.

[35] Sortland Ø S, Tangstad M. Boron removal from silicon melts by H$_2$O/H$_2$ gas blowing: mass transfer in gas and melt [J]. Metallurgical and Materials Transactions E, 2014, 1 (3): 211~225.

3 工业硅造渣精炼去除杂质新技术

3.1 概　　述

随着全球能源消耗增加，太阳能光伏迅速发展，现已成为新能源行业中的重要部分。太阳能级多晶硅是生产制造太阳能电池的重要原料。冶金法由于成本低、能源消耗低、对环境污染小等优点，已成为制备太阳能级多晶硅的重要方法。冶金级硅中硼、磷以及其他杂质的去除是冶金法面临的重要课题。太阳能级多晶硅对于杂质硼含量（质量分数）的要求是低于 0.3×10^{-6}，因为硼会降低少数载流子寿命，从而影响太阳能电池的光电转换效率。

冶金级硅是生产晶体硅太阳能电池的重要原材料，需精炼处理以降低其中的杂质含量。造渣氧化精炼是一种相对能耗低，耗时少的冶金级硅提纯技术，对新能源时代太阳能的发展具有重要影响。本章对目前造渣氧化精炼冶金级硅制备太阳能级硅的最新研究进展做了较为全面的阐述，详细介绍了国内外研究人员利用 $CaO\text{-}SiO_2$、$CaO\text{-}SiO_2\text{-}CaF_2$、$CaO\text{-}SiO_2\text{-}Al_2O_3$、$CaO\text{-}SiO_2\text{-}Na_2O$ 等渣系氧化精炼去除冶金级硅中杂质的方法、工艺和效果；其中更着重介绍了最难去除元素之一硼的去除，分析了这些渣系的应用特点和研究现状。

一般来说，质量分数为 97%～99.9% 的硅称之为冶金级硅。当硅的纯度达到99.9%（3N 以上）时，称之为超纯冶金级硅。太阳能级硅的纯度一般在 99.9999%（6N）左右，它的纯度介于冶金级硅（3N）和电子级硅（9N～12N）之间。太阳能级多晶硅是制备太阳能电池的重要原料，而硅的纯度在单晶硅中则达到了12N，可以说单晶硅是世界上最纯净的物质[1,2]。硅中主要金属杂质元素对太阳电池性能影响如图 3-1 所示。

硅中存在的金属杂质中过渡族金属杂质尤为突出，固溶度是它们在硅中存在形式的主要依据，与此同时也将会受热扩散系数、分凝系数、处理温度等因素影响[3,4]。多晶硅中的金属杂质会对载流子寿命和浓度产生不利影响，因此会极大地降低太阳能电池效率。通常当温度较低时，多晶硅中的金属杂质元素会以较低的固溶度存在于多晶硅中，并且会在多晶硅的晶界处聚集。这种聚集方式多是以沉淀或者复合体的形式存在。此时，多晶硅中的金属杂质会严重影响少数载流子的寿命，而其对载流子的浓度几乎没有影响，这也将在一定程度上降低太阳能电池效率[5]。

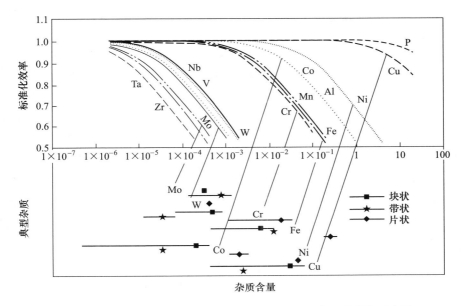

图 3-1　杂质对硅太阳能电池效率的影响和典型光伏材料的杂质含量

太阳能电池要求硅片中 B 和 P 分别在 $0.3 \times 10^{-4}\%$（质量分数）和 $0.5 \times 10^{-4}\%$（质量分数）以下，Fe、Al、Ca 等金属杂质在 $0.1 \times 10^{-4}\%$（质量分数），硅的纯度达到或接近 6N。定向凝固可以有效去除 Fe、Al、Ca 等分凝系数小的金属杂质[6]，真空熔炼可以去除 P、Ca、Al 等饱和蒸气压较大的杂质元素[7]，但这两种工艺都无法有效去除杂质元素 B。等离子体精炼和电子束熔炼虽然有很好的除 B 效果，但由于目前成本高、能耗大等缺点使其无法规模化生产[8,9]。因此，探索有效除 B 的途径和方法是冶金法提纯多晶硅的研究热点之一。

昆明理工大学真空冶金国家工程实验室研究发现[10]，在 $1685 \sim 2500K$ 高温下，造渣氧化精炼可将硅中 B 杂质氧化成 BO、B_2O_3、B_2O、BO_2、B_2O_2 等形式，利用 B 的氧化物与 Si 及其相应氧化物的不同特性，在熔体 Si 中分开或以气态氧化物（B_xO_y）的形式挥发，达到除 B 目的。该实验室还发现[11]，造渣氧化精炼在去除冶金级硅中 B 杂质的同时还能有效去除其他杂质，如 Al、P、S、Ca、Ga、Ge、Sr 等。

因此，发展造渣氧化精炼法提纯冶金级硅，提高冶金级硅提纯效率，降低提纯成本，进一步提升冶金法晶体硅产品品质和质量，彻底解决太阳能电池成本过高的问题，是太阳能电池进入规模化、商业化应用的前提。

3.2　造渣精炼去除杂质机理

3.2.1　造渣氧化精炼的原理

　　造渣精炼工艺是在冶金级硅中加入熔点高于冶金级硅的精炼渣，并在硅和渣的熔点温度之间进行氧化精炼[12]。一般精炼渣中至少含有两种化合物，能富集杂质的碱性氧化物，主要有碱金属氧化物如 Na_2O，碱土金属氧化物如 CaO、MgO、BaO 和能提供游离［O］的氧化剂，主要有固体氧化剂（如 SiO_2）及合成炉渣（如 $CaO\text{-}Al_2O_3\text{-}SiO_2$）等。高温下，熔体硅中的杂质扩散到渣硅界面被氧化剂所提供的［O］氧化，形成不溶于硅熔体的氧化物后扩散进入渣相，反应原理示意图如图 3-2 所示。利用熔渣与硅熔体的密度差异，维持炉温在渣与硅熔点温度之间足够长的时间，通过重力作用便可使富集杂质及其氧化物的熔渣与硅熔体分离，从而完成脱除杂质的目的。

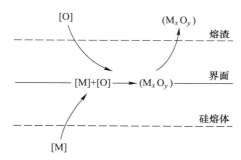

图 3-2　反应原理示意图（M 代表硅中杂质）

　　若以 SiO_2 为造渣精炼氧化剂，渣与硅中主要杂质反应如图 3-3 所示。由图3-3可以看出，熔融状态下，硅中的杂质如 Al、Mg、Ca 很容易被渣中的 SiO_2 氧化，而且当温度接近 1875K 时，B 也可被氧化，这些杂质被氧化后都会进入渣相如图 3-2 所示。图 3-3 还表明，在 1900K 以内，Fe、Cu 杂质氧化反应的 $\Delta G_m^{\ominus}$ 始终为正值，反应不能发生，因此造渣氧化精炼不能去除这些杂质。

3.2.2　造渣除硼去除杂质机理

　　造渣精炼是一种有效去除杂质 B 的方法。利用熔渣中的活性氧与 B 发生氧化反应，生成的硼氧化物被熔渣吸收，随着渣金分离而去除。通常研究者认为，杂质 B 是以固溶体的形式存在于冶金级硅中的[13]，在造渣精炼进行中，冶金级硅中的杂质硼会被渣中的活性氧氧化形成 B_2O_3，然后B_2O_3被造渣剂中的碱性氧化物吸收而进入渣相，随着精炼以后渣硅分离从而得到去除。

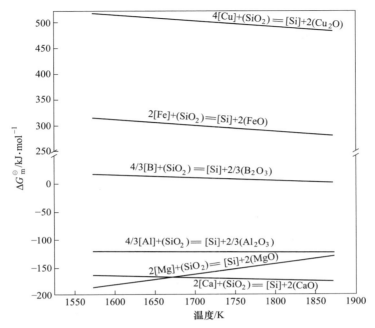

图 3-3 渣与硅中杂质氧化反应的吉布斯自由能变化与温度的关系

造渣精炼除硼必须提供氧化性介质，SiO₂的优势在于不引入其他杂质的同时提供足够的氧势，从而氧化硅熔体中的杂质硼被氧化并使其生成酸性的硼氧化物后与熔渣中碱性氧化物结合，达到去除的目的。CaO-SiO₂二元渣造渣精炼去除金属硅中的杂质硼机理简图如图3-4所示，可以看出，硅中杂质硼被氧化的反应式可以表示为：

$$4/3[B] + (SiO_2) = 2/3(B_2O_3) + Si(l) \tag{3-1}$$

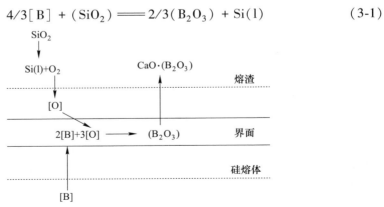

图 3-4 CaO-SiO₂二元渣精炼除硼原理示意图

对金属硅中硼含量增加的前提下探讨杂质 B 的去除效果和 B 在渣中的存在形态，对精炼后的渣样进行 XRD 分析，结果如图 3-5 所示。

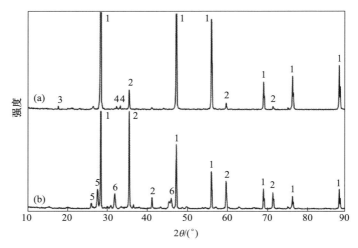

图 3-5　Si-B 合金化后与三元熔渣精炼后渣样 XRD 图谱
1—Si；2—SiC；3—SiB$_6$；4—SiB$_4$；5—Li$_2$O·2B$_2$O$_3$；6—CaSiO$_3$

由于 Li$_2$O·2B$_2$O$_3$ 的标准生成吉布斯自由能比 CaO·B$_2$O$_3$ 小得多，见式 (3-2) 和式 (3-3)，因此，生成的 B$_2$O$_3$ 与熔渣中的 Li$_2$O 结合，而不是与 CaO 结合，CaO 仍然与 SiO$_2$ 结合为 CaO·SiO$_2$。此外，36% CaO-44% SiO$_2$-20% LiF 的渣相中还存在 LiF，说明加入的 LiF 没有完全转化为 Li$_2$O，图谱中 SiC 衍射峰的出现则可能是由于坩埚中的 C 与 Si 生成所致，因为金属硅中的 SiC 不足以在 XRD 图谱中体现出来。

$$CaO(s) + B_2O_3(l) \Longrightarrow CaO \cdot B_2O_3(l) \quad \Delta G^{\ominus} = -75300 + 20.71T(J/mol)$$
$$\tag{3-2}$$

$$Li_2O(s) + 2B_2O_3(l) \Longrightarrow Li_2O \cdot 2B_2O_3(l) \quad \Delta G^{\ominus} = -150600 - 25.5T(J/mol)$$
$$\tag{3-3}$$

3.2.2.1　二元渣系

一般造渣精炼冶金级硅去除杂质 B 多选择 CaO-SiO$_2$ 二元渣系作为基础渣[14]，在此基础上可以添加其他的金属氧化物来改变熔渣的黏度、密度和熔点等，有时加入的造渣剂可以与杂质 B 具有更强的亲和力，因此可以极大地提高造渣除 B 的效果。

Schei 等人[15]利用质量分数为 40% SiO$_2$ 和 60% CaO 作为造渣剂添加到熔体 Si 中进行造渣除 B 实验。结果表明：通过向 Si 中加造渣剂的方法可使得 Si 中杂质

B 含量从 $4.0 \times 10^{-3}\%$ 降低至 $1 \times 10^{-4}\%$；当改变加造渣剂的顺序后，向 $40\%SiO_2$-$60\%CaO$ 二元熔渣中添加熔体 Si 时，相同条件下杂质 B 含量仅能从 $4.0 \times 10^{-3}\%$ 降低至 1.1×10^{-5}。Fujiwara 等人[16] 研究了熔渣中添加量不同的 SiO_2 对杂质 B 去除效果的影响，他们发现使用超过 $65\%SiO_2$ 的熔渣来精炼时，冶金级硅中杂质 B 含量可以从 $7 \times 10^{-4}\%$ 降低至 $1.6 \times 10^{-4}\%$。Enebakk 等人[17] 利用强碱性熔渣和强氧化性熔渣来精炼除 B，并得到了明显的效果，经过造渣精炼以后冶金级 Si 中的杂质 B 含量可以从 $2.0 \times 10^{-3}\%$ 降低至 $0.3 \times 10^{-4}\%$，已经能够满足太阳能级多晶硅的要求。

Khattak 等人[18] 对于杂质 B 在渣相和硅相中的分配系数与熔渣碱度的关系进行了深入研究；实验在 Ar 气保护气氛下进行，实验温度为 1823K，准确称量了 6.7g CaO-SiO_2 二元渣和 3g 冶金级硅在高温电阻炉中保温精炼 18h。研究结果表明：杂质 B 的分配系数 L_B 先随着熔渣碱度的增大而降低，当熔渣碱度为 0.85 左右具有最低的分配系数；当熔渣碱度分别为 1.2 和 0.5 时，杂质 B 的分配系数最大分别为 5.5 和 4.3，如图 3-6 所示。

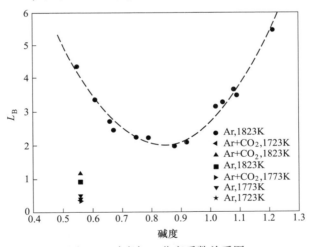

图 3-6 碱度与 B 分离系数关系图

日本东京大学研究人员[19,20] 详细研究了造渣精炼除 B 机理，并且提出了熔渣中 B 的容量，这对于造渣精炼具有很强的指导意义，并且提出了硼渣中硼酸根离子的含量表达式：

$$c_{BO_3^{3-}} = \frac{w(BO_3^{3-})}{a_{[B]} P_{O_2}^{3/4}} = \frac{Ka_{O^{2-}}^{3/2}}{f_{BO_3^{3-}}} \tag{3-4}$$

此外通过研究还发现，当造渣剂的碱度较大时，BO_3^{3-} 在熔渣中的活度也会提高，这将有助于造渣除 B 的顺利进行。他们还计算了 1550℃ 温度下，B 在熔渣中的容量为：

$$\ln c_{BO_3^{3-}} = 4.00(CaO/SiO_2) + 31.51 \tag{3-5}$$

3.2.2.2 多元渣系

Jakobsson 等人[21]研究了 B 在硅和 CaO-MgO-Al$_2$O$_3$-SiO$_2$ 渣中分配系数。他们发现在 1600℃时，CaO-SiO$_2$ 和 MgO-SiO$_2$ 两个二元渣系中杂质 B 的分配系数在 2~2.5 之间，在相同温度下对于 CaO-SiO$_2$-MgO 渣系，B 的分配系数也在相同的范围内变化。在这些渣系中，B 的分配系数并不会受到熔渣组成的影响，但是，在 CaO-SiO$_2$-Al$_2$O$_3$ 渣系中 B 的分配系数随着 Al$_2$O$_3$ 含量的增加而降低。Johnston 等人[22]研究 Al$_2$O$_3$-CaO-MgO-SiO$_2$ 四元熔渣和 Al$_2$O$_3$-BaO-SiO$_2$ 三元熔渣在 1500℃精炼除 B 时，B 分配系数的变化情况，着重研究了熔渣碱度和氧势对于杂质 B 的影响，发现熔渣碱度和氧势均对于 B 分配系数有着重要的影响。但是持续增加熔渣碱度并不能一直提高杂质 B 的去除率，这是由于过量的碱性氧化物将会降低熔渣中 SiO$_2$ 参与反应的活性，从而使得熔渣的氧势下降，具体表现在杂质 B 的分配系数将先随着熔渣碱度增加而增加，在达到最大值以后又会随之增加而降低。

Zhang 等人[23]利用 CaO-SiO$_2$-Na$_2$O 三元熔渣来去除杂质 B，他们改变了熔渣碱度、渣硅比等条件来探究杂质 B 的去除效果。此外，还采用两次造渣精炼和定向凝固来提高渣硅分离的效果。结果发现：当熔渣碱度为 1.21，渣硅比为 5：1 时，可以得到最大的 B 分配系数为 5.81。Li 等人[24]利用 CaO-SiO$_2$-Al$_2$O$_3$-CaF$_2$ 四元熔渣来去除冶金级硅中杂质 B，与以往造渣精炼的不同处是本次实验在空气气氛下进行，这更加接近于实际工厂的生产条件。讨论了熔渣碱度、精炼时间、CaF$_2$ 添加量等条件对于除 B 效果的影响。当熔渣碱度为 0.551，CaF$_2$ 的添加量为 5%，精炼时间为 120min 时，冶金级硅中的杂质 B 的质量分数可以从 2.5×10^{-3}% 降低至 4.4×10^{-4}%。

Fang 等人[25]利用 Na$_2$O-SiO$_2$ 二元熔渣来去除冶金级硅中杂质 B，结果表明：一次造渣精炼可以将冶金级硅中杂质 B 的质量分数从 10.6×10^{-4}% 降低至 0.65×10^{-4}%，而且对于较小的渣硅比和较短的精炼时间，增加造渣精炼的次数对于杂质 B 的去除是有帮助的。同时也探讨了 Na$_2$O-SiO$_2$ 二元熔渣除 B 的机制，即原料中的 B 被氧化，然后以硼氧化物的形式挥发到气相中得以去除，如图 3-7 所示。

Safarian 等人[26,27]研究了 Na$_2$O-SiO$_2$ 熔渣除 B 的过程及机理，他们发现：硅熔体中溶解的杂质 B 会在渣硅界面处被造渣剂 Na$_2$O 氧化，然后进入渣相的 B 会在渣相和气相界面处以 Na$_2$B$_2$O$_4$ 的形式挥发去除，而且 Na$_2$B$_2$O$_4$ 比 B$_2$O$_3$ 和 Na$_2$B$_4$O$_7$ 更容易挥发去除。杂质 B 的去除速率随着渣中 Na$_2$O 浓度的升高而增大，随着反应温度的升高而增大。熔体硅中的 Na 含量通过与渣接触后迅速增加，在达到最大值后下降。在渣硅界面处，会发生硅热还原 Na$_2$O 反应，在硅相和气相中，由于 Na 蒸气具有很大的饱和蒸气压，Na 又会挥发去除，如图 3-8 所示。

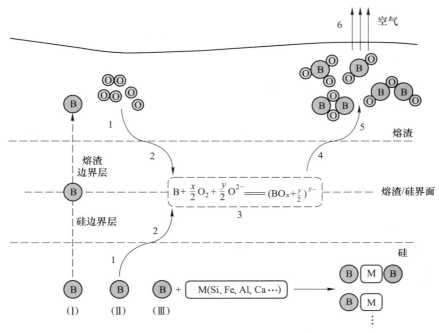

图 3-7 杂质 B 从冶金级硅中去除示意图

1—氧扩散到渣边界层附近，硼扩散到硅熔体边界层附近；2—氧从渣中扩散到渣边界层，硼从熔体中扩散到边界层；
3—在边界层交界处发生化学反应；4—硼氧化物扩散到渣边界层中；5—硼氧化物进入渣中；6—硼氧化物进入大气

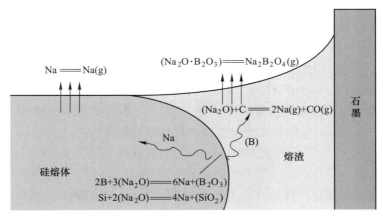

图 3-8 Na_2O-SiO_2 熔渣从冶金级硅中去除杂质 B 示意图

Suzuki 等人[28]研究了 CaO-SiO_2-BaO 三元熔渣在 $1723 \sim 1823K$ 之间，CO 或 Ar 气氛下除 B 实验，也得到了类似的实验结果：B 的分配系数随着熔渣碱度和精炼温度而增大，最大的分配系数为 2.0。Noguchi 等人[29]从热力学上研究了 CaO-SiO_2-CaF_2 和 CaO-SiO_2-MgO 三元熔渣除 B 能力，对于 B_2O_3 在这两个三元熔渣中的活度进行了研究，这对于杂质 B 的去除具有重要的参考意义。

Tanahashi 等人[30]通过理论计算，探究了在 CaO-SiO_2 二元渣系中添加 Na_2O 是否有助于杂质 B 的去除。通过计算发现在精炼温度范围内，杂质 B 与添加剂 Na_2O 反应的标准吉布斯自由能要比 SiO_2 和杂质 B 反应的标准吉布斯自由能更负，见式（3-6）。因此向 $CaSiO_3$ 中添加适量 Na_2O，形成三元渣系可以提高杂质 B 的去除效果，而且当温度高于 853K 时，造渣除 B 反应就会开始发生。

$$2[B] + 3(Na_2O) \Longrightarrow 6[Na] + (B_2O_3)　　\Delta G^{\ominus} = 549.15 - 0.6439T(kJ/mol)$$

$$(3-6)$$

尹长浩等人[31]利用含 Na（Na_2CO_3-SiO_2）的渣系来探究造渣除 B 效果，并得到了很好的实验结果。他们发现含 Na 的渣系精炼冶金级硅以后，杂质 B 会形成一种钠硼复合氧化物（$NaBO_2$），随着这种钠硼复合氧化物与精炼 Si 的分离，冶金级硅中的杂质 B 得到去除。在此基础之上他们又尝试添加 Al_2O_3 发现渣系的碱度得到了提升，在很大程度了保证了杂质 B 的造渣去除。

昆明理工大学真空冶金国家工程实验室伍继君教授团队[32~34]长期以来在造渣精炼除 B 领域开展了大量的研究工作，并且取得了有意义的成果。他们尝试在 $CaSiO_3$ 熔渣中加入含 Li 化合物，如 LiF 和 Li_2O 等来进行除 B 效果，结果发现当向 $CaSiO_3$ 渣系中添加 2% Li_2O 时，对于杂质 B 的去除有明显效果，此时杂质 B 在渣相和硅相当中的分配系数可以达到 1.98。不仅如此，当向 $CaSiO_3$ 二元渣中加入 5% 的 LiF 时，杂质 B 的去除效果更为明显，其分配系数可以达到 2.77。对于这两种含 Li 化合物的添加可以明显增强杂质 B 去除效果进行了分析：由于造渣剂 LiF 可以使得原来 $CaSiO_3$ 渣的黏度降低，从而使熔体硅和熔渣具有很好的流动性，这有助于硅中的杂质 B 与造渣剂接触充分，有利于被氧化去除。而且 LiF 可以结合熔渣中的 O 生产 Li_2O，从而使得熔渣的碱度得以提高，在适当范围内造渣剂的碱度提高有助于杂质 B 的去除。而且 Li_2O 对于硼氧化物的亲和力要比 CaO 更强一点，因此可以极大地提高硼氧化物被熔渣吸收去除。

此外伍继君[35~37]等人在 CaO-SiO_2 二元熔渣基础上添加 K_2CO_3，研究冶金级硅中杂质 B 的去除效果。结果表明质量分数为 36% CaO-44% SiO_2-20% K_2CO_3 可以将冶金级硅中杂质 B 质量分数从 $2.2×10^{-3}$% 降低至 $1.8×10^{-4}$%。精炼以后杂质 B 主要是以 $K_2O·2B_2O_3$ 和 $K_2O·4B_2O_3$ 形式存在，而不是 $CaO·B_2O_3$。

3.2.3　造渣精炼除硼实验原理及热力学分析

冶金级硅的造渣精炼法是通过向硅中添加与杂质元素有更强亲和力并能形成稳定化合物的造渣剂，通过高温精炼，实现杂质与硅的分离，凝固后经过酸洗等工艺将熔渣与硅分离得到高品质硅。

在强碱性条件下，强氧化性造渣剂与熔融硅中 B 杂质反应，让杂质 B 从硅熔体中分离，以实现除杂的目的。根据前述反应过程和熔渣的结构理论，硅中 B 与造渣剂的反应为：

$$[B] + 3/4 (SiO_2) = 3/4 [Si] + (BO_{1.5}) \tag{3-7}$$

由反应式（3-7）可知，在高温条件下，造渣剂中的 SiO_2 提供 [O] 与 B 反应生成 B 的氧化物，继而进入渣相或者逸出。

造渣精炼除硼机理如图 3-9 所示。一般来说，造渣精炼除硼主要有 3 个过程：（1）硅中的杂质 B 通过靠近熔硅一侧的边界层向渣-硅界面处扩散；（2）造渣剂与杂质 B 在界面处的化学反应，杂质 B 被氧化为硼氧化物；（3）硼氧化物通过靠近熔渣一侧的边界层向熔渣中扩散，进入渣相。通过以上 3 个过程随着造渣精炼以后渣硅分离，冶金级硅中的杂质 B 被氧化去除。

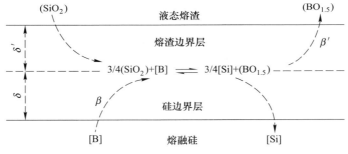

图 3-9 造渣精炼除硼机理图

选择在 CaO-SiO_2 二元渣系中添加适量 ZnO 和 $ZnCl_2$，研究该三元熔渣对于冶金级硅中杂质 B、Fe 以及 Al 的去除效果。图 3-10 所示为 CaO-SiO_2-ZnO 三元熔渣与杂质反应的吉布斯自由能图。由图 3-10 可以看出，ZnO 与杂质 B、Al 和 Fe 的

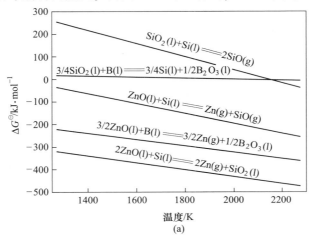

(a)

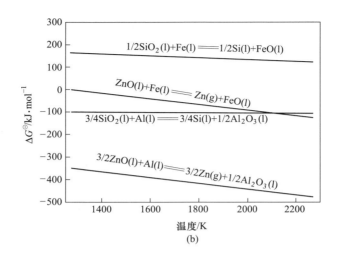

图 3-10　CaO-SiO₂-ZnO 三元熔渣与杂质 B、Fe、Al 反应的吉布斯自由能

（a）造渣剂与 B 和 Si 反应；（b）造渣剂与 Fe 和 Al 反应

反应比 SiO₂ 与杂质 B、Al 和 Fe 的反应更容易发生，因此在 CaO-SiO₂ 二元熔渣的基础上添加适量 ZnO 有利于这些杂质的去除。当 ZnO 添加以后，不仅 ZnO 可以参与除杂反应，SiO₂ 也可以与杂质 B、Al 和 Fe 反应，这样提供了两种除杂的方式。因此通过热力学分析认为，CaO-SiO₂-ZnO 可以起到比 CaO-SiO₂ 更好的除杂效果。

同时根据 CaO-SiO₂-ZnO 三元相图（见图 3-11），可以看到加入 ZnO 后，CaO-SiO₂ 二元渣系的熔点降低。而熔点的降低在除杂过程中改善了造渣剂的熔化温度，使得造渣剂可以在更低的温度下熔化，更有利于除杂过程的进行。同时加入 ZnO 辅助造渣剂后，能够改善 CaO-SiO₂ 二元造渣剂较差的流动性以及与硅熔体密度相近等缺点，以此来提高熔渣除 B 的能力。

为了改善 CaO-SiO₂ 二元造渣剂较差的流动性以及与硅熔体相近的密度等缺点，可以选择性地向 CaO-SiO₂ 二元系熔渣中添加一定量的在高温下能够形成气体化合物的造渣剂，如向 CaO-SiO₂ 二元渣中掺入一定量的 ZnCl₂ 后，在高温下化合物中的 Cl 元素会与硅熔体中的杂质 B 形成气态的 BCl_x，这样就能有效地提高熔渣除 B。采用氯化物熔盐精炼去除冶金级硅中杂质 B 的原理是将硅熔体中的 B 氯化成容易挥发的硼氯化合物从而使得杂质从硅熔体中出去，ZnCl₂ 反应的标准吉布斯自由能如图 3-12 所示。

从热力学上来讲，通过图 3-12 的分析可知，杂质元素 B 等能被氯化成硼氯化合物，且在实验温度范围内，吉布斯生成自由能为负。并且随着反应温度的升

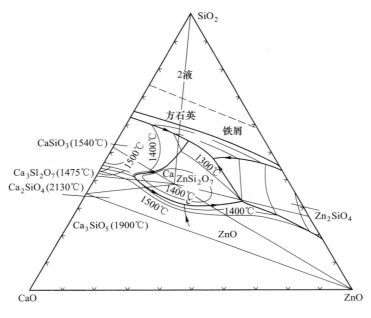

图 3-11 CaO-SiO$_2$-ZnO 三元相图

高，所有的吉布斯生成自由能均呈降低趋势。因此，使用 CaO-SiO$_2$-ZnCl$_2$ 三元熔渣来去除冶金级硅中硼元素等杂质是可行的，并且在适当的范围内提高精炼反应的温度有利于 B 元素等杂质的去除。

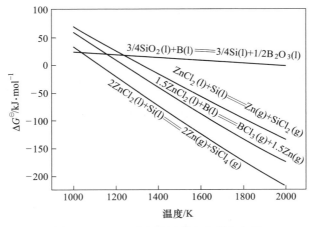

图 3-12 ZnCl$_2$ 反应的标准吉布斯自由能

3.3 造渣精炼去除杂质技术及动力学分析

3.3.1 造渣精炼除硼动力学的研究现状

3.3.1.1 液-液相扩散和液-固相扩散

物质通过迁移使介质浓度变得相对均匀的过程称之为扩散过程。通常由于体系中物质组分不均匀，导致不同位置处某一物质的浓度或者含量差别较大，由于这种浓度梯度的存在，并以此为动力在整个介质中进行扩散，通过这种扩散过程使得体系中这一物质的浓度变得均匀[38]。

纯物质体系的扩散是同位素的浓度不同，发生了熵变，这称为自扩散或本征扩散。化学扩散或者互扩散是由于浓度差异存在于扩散介质中，而发生的扩散，它属于一种原子在扩散介质中的相对扩散，这种扩散最终会使得介质中物质的浓度变得相对均一。另外还有一种扩散方式称为紊流湍动扩散或者是对流传质扩散，这种扩散方式经常出现在流动介质当中，一般是由于对流运动也即流体内分子集团的集体流动所引起的。通常我们定义某一种物质的传质速率或者扩散通量为在单位时间里通过单位面积的物质的量，它表示针对某一特定的截面积，单位时间内通过的物质的量。

人们常常根据扩散介质中如扩散浓度的变化情况，将扩散分为稳态扩散和非稳态扩散。稳态扩散是当扩散速率保持不变，扩散介质中各种参数比如浓度分布不随时间发生变化的扩散过程，这种扩散可以利用菲克第一定律求解。稳态扩散表示在单位时间内，体系中任一组元垂直通过扩散方向上单位面积的扩散通量或物质流与该组元在静止扩散介质中的浓度梯度成正比。第二种是非稳态扩散，表示如果介质中某一物质不是按照同一速度进行扩散，扩散介质中物质的浓度会随着位置和扩散时间发生改变，也就是说扩散介质中某一组分的浓度是空间坐标位置和时间的函数，通常这种扩散方式可以利用菲克第二定律进行求解计算。

液-液相反应是指两个互不相溶的液体构成的连续相与分散相之间的反应。液-固相扩散是一个液相和一个固相之间的扩散过程。在氧化造渣过程中，熔融硅中的杂质 B 与造渣剂发生氧化反应，形成酸性的硼氧化物由碱性的熔渣吸附从而进入渣相，然后将熔渣与熔融硅进行冷却分离，就可以得到低硼含量的硅锭。

目前认为造渣除硼反应过程主要由 3 个环节决定：（1）杂质 B 在硅熔体中的扩散传质过程，由于杂质 B 的熔点很高，因此在精炼温度下杂质 B 向渣-硅反应界面处扩散属于固-液相扩散；（2）杂质 B 在反应界面与造渣剂的氧化反应；（3）反应生成的硼氧化物（B_2O_3）在熔渣中的扩散传质过程，在精炼温度下硼氧化物和熔渣均属于液态，因此硼氧化物从反应界面通过边界层向熔渣一侧扩散属于液-液相扩散[39]。

3.3.1.2　动力学研究

杂质 B 是冶金级硅中难以去除的一种非金属杂质，造渣精炼是除 B 的有效方法之一。造渣除 B 过程，无论是 B 在熔体 Si 中的扩散传质过程还是 B_2O_3 在熔渣中的扩散传质，都将决定造渣除 B 的深度和速率。目前国内外很多研究者，对于造渣除硼的动力学过程进行了深入研究，并取得了一些成果。

昆明理工大学的伍继君等人[35,39~41]利用 CaO-SiO_2 二元熔渣、CaO-SiO_2-LiF、CaO-SiO_2-Li_2O 和 CaO-SiO_2-K_2CO_3 等三元熔渣来精炼除 B，并得到了这些熔渣除 B 反应的速率系数 k_B 分别为 0.25、0.24、0.26 和 0.27。而且还发现当利用 40%CaO-40%SiO_2-20%LiF、40%CaO-40%SiO_2-20%Li_2O、40%CaO-40%SiO_2-20%K_2CO_3 这 3 种熔渣精炼除 B 时，杂质 B 在硅熔体中的传质是造渣除 B 的限制性环节。相反地，50%CaO-50%SiO_2 二元熔渣除 B 时，硼氧化物在熔渣中的传质过程是限制性环节。他们向 $CaSiO_3$ 熔渣中加入质量分数为 20% 的 K_2CO_3 以后，在 1550℃精炼冶金级硅，可以将杂质 B 质量分数从 $2.2×10^{-3}$% 降低至 $1.8×10^{-3}$%。Nishimoto 等人[42]计算了在 1550℃时，杂质 B 在 50%CaO-50%SiO_2 二元熔渣中的传质系数为 $3.16×10^{-6}$m/s；在 40%CaO-40%SiO_2-20%K_2CO_3 熔渣中的传质系数为 $2.43×10^{-5}$m/s。利用 CaO-SiO_2 渣，测算出了 B 在 Si 中的传质系数为 $1.7×10^{-4}$ m/s，B 在 Si 中的扩散系数为 $1.46×10^{-8}$ m^2/s，从而得到了硅熔体与反应界面的边界层厚度为 0.086mm。

东京大学的 Morita 等人[43,44]在 CaO-SiO_2 渣系下，测算了 B_2O_3 在渣中的传质系数为 $1.4×10^{-6}$m/s。他们还研究了 1723K 温度下，利用 CaO-SiO_2-$CaCl_2$ 三元熔渣除 B 时的传质系数和扩散系数等动力学参数。结果发现：杂质 B 在 CaO-SiO_2-$CaCl_2$ 三元熔渣中的扩散系数为 $8.46×10^{-9}$$m^2$/s，这比杂质 B 在熔体硅中的扩散系数 $2.4×10^{-8}$$m^2$/s 要慢一些，由此认为杂质 B 在熔渣中的扩散是造渣除 B 的限制性环节。同时还计算了杂质 B 在熔渣中的传质系数为 $2.50×10^{-5}$m/s，由此计算出边界层厚度为 0.34mm。

大连理工大学的 Lai 等人[45]利用 (CaF_2)-Al_2O_3-CaO-SiO_2 熔渣和 Na_2SiO_3-CaO-SiO_2 熔渣来精炼除 B，测算出了杂质 B 在熔渣中的传质系数为 $1.01×10^{-5}$cm/s，在熔体硅中的传质系数为 $1.19×10^{-4}$cm/s，因此认为杂质 B 在熔渣的传质过程是造渣除硼的限制性环节。

厦门大学罗学涛课题组[46]研究了 Li_2O-SiO_2 二元熔渣精炼冶金级硅除杂质 B 过程的传质系数。在 1700℃温度下精炼 30min，在 60%Li_2O-40%SiO_2 熔渣中可以将杂质 B 的质量分数从 $8.6×10^{-4}$% 降低至 $0.4×10^{-4}$%。根据双膜理论，计算出杂质 B 的总传质系数为 $2.3×10^{-2}$μm/s。

挪威科技大学的研究人员对造渣除 B 过程的动力学参数也做了大量的研究工作。Krystad 等人[47,48]利用 CaO-SiO$_2$-MgO 在 1600℃熔渣精炼除 B，他们得到杂质 B 在硅和熔渣中的传质系数为 1.3×10^{-6} m/s，而且造渣剂 MgO 的加入会提高杂质 B 的传质系数。通过向 50%CaO-50%SiO$_2$ 的二元熔渣中加入 20%MgO 来改善熔渣的物理性质进行掺 B 的电子级硅除硼实验研究，结果表明，加入 MgO 能明显降低该三元熔渣的黏度，经过计算可以得到杂质 B 在该三元熔渣中的传质系数为 3.5μm/s，相比较二元 CaO-SiO$_2$ 熔渣中的 2.5μm/s，传质系数得到了明显的提高。这是由于造渣剂 MgO 的加入降低了熔渣的黏度，促进了杂质 B 的传质过程，对于杂质 B 的造渣去除具有重要意义。但是目前对于 B$_2$O$_3$ 在常见熔渣（尤其是最为基础的硅酸钙渣系）中扩散系数的研究较少，B$_2$O$_3$ 在熔渣中的扩散性质不甚清楚。

3.3.2 造渣精炼冶金级硅除硼动力学方程

3.3.2.1 除硼速率方程的推导

造渣精炼除 B 的化学反应可表示为：

$$[B] + 3/4(SiO_2) \Longrightarrow 3/4[Si] + (BO_{1.5}) \qquad (3-8)$$

熔渣氧化精炼冶金级硅除 B 过程是一个典型的液-液两相反应，由造渣精炼反应的动力学理论模型——液-液相双模理论[49]可知，式（3-8）的冶金反应可分解为以下几个步骤进行：（1）硅中的反应物 [B] 向反应界面传递（扩散传质过程）；（2）炉渣中的反应物（SiO$_2$）向反应界面传递（扩散传质过程）；（3）渣硅反应界面上，[B] 和（SiO$_2$）发生化学反应形成（B$_2$O$_3$）和 [Si]；（4）生成物（B$_2$O$_3$）向渣中传递（扩散传质过程）；（5）生成物 [Si] 向硅液中传递（扩散传质过程）。

整个反应由上述（1）~（5）这样的一系列连续的步骤组成，其中每个环节的反应速率都由一定的动力学规律所决定。实际研究发现[50]，整个冶金反应过程的反应速率受该过程中反应进行最慢的环节所决定，即冶金除杂反应的速率限制性环节。假设，每个反应环节的反应机理是确定的（即在一连串的除杂反应过程中的每一步都是确定无误的），且每个环节速率常数是已知的，则通过计算各个环节中最大反应速率，并彼此进行比较，这样就可以直接找到一连串除杂反应的限制性环节。但是在工业硅除 B 过程中，关于造渣精炼冶金级硅除硼过程的除硼速率的限制性环节这方面的报道很少，还没有具体的各环节反应速率常数，因此，先假设一连串反应中某一个环节为限制性环节，然后依此假设为依据，最终用实验方法进行验证该假设是否正确。

工业硅造渣氧化精炼的反应过程为一个典型的液-液相间的还原反应。根据液-液相反应原理可知，限制性环节可以分为两类：第一类为反应物和生成物在熔体中的质量传递过程（即扩散传质过程）；第二类为渣-金界面的化学反应过程。一般高温过程化学反应的进行非常迅速，因此假设工业硅造渣氧化精炼过程的限制性环节为溶解在冶金级硅中溶解 [B] 单质和熔渣中的（SiO_2）分别向渣硅反应界面的传质过程，以及通过冶金化学反应生成的（B_2O_3）和 [Si] 分别在熔渣和硅液中的质量传递过程（即反应物与生成物的扩散传质过程）。

熔渣精炼冶金级硅过程中，硅熔体与熔渣在坩埚中的流动速率具有很大的差别。特别是在电磁感应炉中，由于硅熔体具有很强的导电能力，因此，在电磁场作用下硅熔体会产生强力的流动，而熔渣相对于硅熔体流动性来说会相对弱一些，所以，由硅熔体与熔渣在反应器中组成的渣-硅体系中，相界面两侧存在着具有表征传质阻力特征的边界层，如图 3-13 所示[38]。

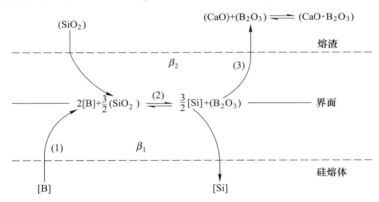

图 3-13　渣-硅反应界面两侧边界层及浓度分布

在冶金级硅造渣精炼除 B 过程中，渣中（SiO_2）的浓度比 [B] 的浓度高很多，并且主体金属为冶金级硅，因此假设，（SiO_2）在熔渣中的传质和产物 [Si] 不是整个冶金反应的限制性环节，研究中可以不考虑（SiO_2）在熔渣中的传质过程和 [Si] 在冶金级硅中的传质过程。在讨论造渣氧化除 B 的动力学时，以 B 及其氧化产物的扩散和界面反应作为整个氧化除 B 过程的组成环节来进行讨论。

假设硅相中的硼浓度为 $c_{[B]}$，在靠近硅熔体一侧的传质阻力边界层中的杂质 B 浓度为 $c_{[B]}^*$。硅熔体中溶解的杂质 B 通过扩散传质到达渣硅反应的界面上，其浓度下降为传质阻力边界层处的 B 浓度。然后，在反应界面中分别通过扩散传质到达化学反应界面的反应物 [B] 和（SiO_2）发生化学反应，将单质 B 转化为浓度为 $c_{(BO_{1.5})}^*$ 的生成物（硼氧化物）。最后，生成的硼氧化物再次通过扩散传质进入熔渣，该硼的氧化物在熔渣中的浓度表示为 $c_{[BO_{1.5}]}$。整个造渣精炼冶金级硅除硼的冶金过程由：（1）反应物单质 [B] 的扩散传质过程；（2）反应物发生氧化反应生成硼的氧化物的化学反应过程；（3）化学反应的生成的硼氧化物向熔渣中的扩散传质过程 3 个环节组成，如图 3-14 所示。假设造渣精炼冶金级硅过程中，发生化学反应的渣-硅有效边界层厚度为 δ。

$$[B] \xrightarrow[\text{扩散}]{\beta_M} [B] \xrightarrow[\text{界面反应}]{k_c} (BO_{1.5}) \xrightarrow[\text{扩散}]{\beta_s} (BO_{1.5})$$

图 3-14　硼的传质过程

假设除 B 化学反应为一级反应，则除 B 反应 3 个环节的速率式可表示为：

（1）反应物［B］由硅中向相界面扩散：$J_m = \dfrac{1}{A}\dfrac{dn}{dt} = \beta_m(c_{[B]} - c_{[B]}^*)$

（2）界面化学反应：$v = -\dfrac{1}{A}\dfrac{dn}{dt} = k_+\left(c_{[B]}^* - \dfrac{c_{(BO_{1.5})}}{K}\right)$

（3）产物($BO_{1.5}$)离开相界面向熔渣中扩散：$J_s = \dfrac{1}{A}\dfrac{dn}{dt} = \beta_s(c_{BO_{1.5}}^* - c_{(BO_{1.5})})$

式中，β_m、β_s 分别为杂质 B 在熔体硅和熔渣相内的传质系数，m/s；k 为氧化反应速率常数；k_+ 为氧化除 B 反应的正反应速率常数；A 为相界面面积，m^2；$c_{[B]}$，$c_{[B]}^*$，$c_{[BO_{1.5}]}^*$，$c_{(BO_{1.5})}$ 为硼及其氧化物在熔体硅和熔渣中的物质量浓度。

当除 B 反应达到平衡时存在以下关系：

$$J_m = v = J_s \tag{3-9}$$

从此关系中消去不能测定的界面浓度 $c_{[B]}^*$ 和 $c_{[BO_{1.5}]}^*$，可得到总的反应速率式为：

$$-\frac{1}{A} \cdot \frac{dn_{[B]}}{dt} = \frac{c_{[B]} - c_{(BO_{1.5})}/L_B}{\dfrac{1}{\beta_m} + \dfrac{1}{k_+} + \dfrac{1}{\beta_s}} \tag{3-10}$$

令　　　　　　$k_1 = \beta_m \times \dfrac{A}{V_m}$，$k_2 = \beta_s \times \dfrac{A}{V_m}$，$k_c = k_+ \times \dfrac{A}{V_m}$

又因为 $-\dfrac{1}{A} \cdot \dfrac{dn_{[B]}}{dt} = -\dfrac{V_m}{A}\dfrac{dc_{[B]}}{dt}$，所以式（3-10）可改写为：

$$-\frac{V_m}{A}\frac{dc_{[B]}}{dt} = \frac{c_{[B]} - c_{(BO_{1.5})}/L_B}{\dfrac{1}{k_1} + \dfrac{1}{k_c} + \dfrac{1}{k_2}} \tag{3-11}$$

令　　　　　　$\dfrac{1}{k'} = \dfrac{A}{V_m}\left(\dfrac{1}{k_1} + \dfrac{1}{k_c} + \dfrac{1}{k_2}\right)$

则式（3-11）可简写为：

$$-\frac{\mathrm{d}c_{[B]}}{\mathrm{d}t} = k'\left(c_{[B]} - \frac{c_{(BO_{1.5})}}{L_B}\right) \tag{3-12}$$

式中，k' 为总反应的容量速率常数；V_m 为硅熔体体积；k_1、k_2、k_c 分别为各环节容量速率常数。

式 (3-12) 即为造渣精炼冶金级硅除硼的速率微分方程。其中：

$$\frac{1}{k'} = \frac{V_m}{A}\left(\frac{1}{\beta_m} + \frac{1}{k_c} + \frac{1}{\beta_s}\right)$$

由于除 B 反应在高温下进行，高温界面的化学反应速率会很高，远远超过杂质 B 在渣硅中的扩散速率，即 $\frac{1}{k_c} \ll \frac{1}{k_1} + \frac{1}{k_2}$ 因此，除硼过程的速率限制性环节位于由 [B] 和 ($BO_{1.5}$) 的扩散环节构成的扩散范围内。由此可得出造渣精炼冶金级硅除硼的速率式为：

$$-\frac{\mathrm{d}c_{[B]}}{\mathrm{d}t} = \frac{c_{[B]} - c_{(BO_{1.5})}/L_B}{1/k_1 + 1/k_2 L_B} \tag{3-13}$$

在熔体中，B 元素物质的量浓度与其质量分数存在以下关系：

$$c_{[B]} = \frac{w_{[B]}}{100} \cdot \frac{\rho_m}{M_B}$$

$$c_{(BO_{1.5})} = \frac{w_{(BO_{1.5})}}{100} \cdot \frac{\rho_s}{M_{(BO_{1.5})}}$$

式中，M_B、$M_{BO_{1.5}}$ 分别为元素 B 及其氧化物 $BO_{1.5}$ 的摩尔质量，g/mol；ρ_m、ρ_s 分别为硅液与熔渣的密度，kg/m^3。

可得造渣精炼除 B 速率方程为：

$$-\frac{\mathrm{d}w_{[B]}}{\mathrm{d}t} = \frac{k_1 L_{B(\%)}}{k_1/k_2 + L_{B(\%)}}\left(w_{[B]} - \frac{w_{(BO_{1.5})}}{L_{B(\%)}}\right) \tag{3-14}$$

式中，k_1、k_2 分别为 B 在硅液及熔渣中的容量速率常数；$L_{B(\%)}$ 为质量分数表示的 B 在渣硅间的分配系数。

$$L_{B(\%)} = L_B \times \frac{\rho_m}{\rho_s} \times \frac{M_{BO_{1.5}}}{M_B} = \frac{w_{(BO_{1.5})}}{w_{[B]}} \tag{3-15}$$

此时，式 (3-14) 可以写成：

$$-\frac{\mathrm{d}w_{[B]}}{\mathrm{d}t} = \frac{Ak}{\rho_m V_m} \cdot (L_{B(\%)} w_{[B]} - w_{(BO_{1.5})}) \tag{3-16}$$

$$k = \frac{1}{\dfrac{L_{B(\%)}}{\rho_m \beta_m} + \dfrac{1}{\rho_s \beta_s}} \tag{3-17}$$

此方程即为造渣精炼冶金级硅过程的除硼速率方程，其中 k 为除硼过程的表观速率常数：

将 $L_B = \exp\left(\dfrac{1450}{T} + \dfrac{3}{4}\ln a_{SiO_2} + \dfrac{3}{2}\ln a_{CaO} + 7.42\right)$ 代入式（3-17）可得：

$$\frac{1}{k} = \frac{\exp\left(\dfrac{5800}{T} + 3\ln a_{SiO_2} + 6\ln a_{CaO}\right)}{\rho_m \beta_m} + \frac{1}{\rho_s \beta_s} \tag{3-18}$$

从式（3-18）可以看出，除 B 反应的表观速率常数 k 与元素 B 在渣硅间的分配常数（$L_{B(\%)}$）、B 元素在硅液和熔渣中的传质系数（β_m、β_s）等动力学因素、硅液和熔渣的密度（ρ_m、ρ_m）等物理性质、熔渣中 SiO_2 和 CaO 等物相的活度等热力学性质有关。虽然熔渣中 SiO_2 和 CaO 等物相活度的实验测定比较空难，但是对于给定成分的一种熔渣来说，在一定温度下熔渣中 SiO_2 和 CaO 等物相活度是一定的，因此可以假设 $3\ln a_{SiO_2} + 6\ln a_{CaO} = b_x$。那么式（3-18）就可以表示为：

$$\frac{1}{k} = \frac{\exp\left(\dfrac{5800}{T} + b_x\right)}{\rho_m \beta_m} + \frac{1}{\rho_s \beta_s}$$

由上可以看出，在造渣氧化精炼去除冶金级硅中硼的过程中，影响氧化除硼速率的因素是很复杂的，有熔渣热力学性质（a_{SiO_2}、a_{CaO}）、溶体动力学性质（β）、熔体的物理性质（ρ_m、ρ_s、D）及操作因素（T、W_s、W_m）等。

将式（3-16）经分离变量积分转换后，得到硅中硼含量与精炼时间的对数函数关系：

$$\frac{W_m}{A} \ln \frac{(L_{B(\%)} + 3.4\eta) w_{[B]} - 3.4\eta w_{[B]_e}}{(L_{B(\%)} + 3.4\eta) w_{[B]_0} - 3.4\eta w_{[B]_e}} = kt \tag{3-19}$$

式中，η 为渣硅比。

令

$$Y = \frac{W_m}{A}$$

$$X = \frac{(L_{B(\%)} + 3.4\eta) w_{[B]} - 3.4\eta w_{[B]_e}}{(L_{B(\%)} + 3.4\eta) w_{[B]_0} - 3.4\eta w_{[B]_e}}$$

则式（3-19）可以简化为：

$$Y\ln X = -kt \tag{3-20}$$

利用式（3-20）进行线性拟合，得到的 $Y\ln X$ 关于时间 t 的函数关系，该线性函数中直线的斜率即为在用不同造渣精炼冶金级硅时的表观速率常数 k。在本次实验为了方便计算，采用的渣硅比都为 1:1，实验温度为 1823K，精炼时间为 30~240min。将经过不通熔炼渣处理的冶金级硅中的 B 含量与时间代入式（3-19）可得式（3-20）中各个参数的值，最后进行线性拟合得到不同造渣精炼冶金级硅的 $Y\ln X$-t 图，如图 3-15 所示。

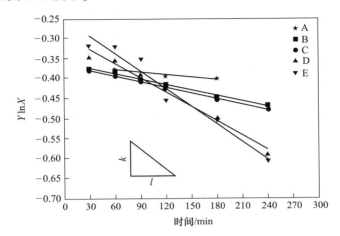

图 3-15　不同熔渣体系下 $Y\ln X$ 与时间 t 的关系

A—50%CaO-50%SiO_2；B—47.5%CaO-5%K_2CO_3-47.5%SiO_2；C—45%CaO-10%K_2CO_3-45%SiO_2；

D—42.5%CaO-15%K_2CO_3-42.5%SiO_2；E—40%CaO-20%K_2CO_3-40%SiO_2

由图 3-15 可得到不同造渣精炼剂精炼冶金级硅除硼过程的表观速率常数，见表 3-1。从表中可以看出，在 CaO-SiO_2 中加入第三组元熔渣形成新的复合造渣精炼剂可有效提高冶金级硅造渣精炼除硼过程的表观速率常数。这主要有两个方面的因素综合影响所致，一方面是第三组元熔渣的碱度都比 CaO 的碱度大或者相近，与 CaO 碱度相近的熔渣的摩尔质量比 CaO 的摩尔质量小，这样就在一定程度上增加了熔渣的碱度，最终导致除硼效率的提高；另一方面，加入的第三组元熔渣，不仅能够改变熔渣的微观结构性质，使得熔渣的熔点以和黏度大幅度的降低，并且某些熔渣与 B_2O_3 反应还能形成气体，这对精炼渣条件具有改善的作用。

表 3-1　不同熔渣体系下的表观速率常数

熔　　渣	表观速率常数/m·s⁻¹
50%CaO-50%SiO_2	3.6×10^{-6}
47.5%CaO-5%K_2CO_3-47.5%SiO_2	7.7×10^{-6}
45%CaO-10%K_2CO_3-45%Si_2	8.1×10^{-6}
42.5%CaO-15%K_2CO_3-42.5%SiO_2	19.8×10^{-6}
40%CaO-20%K_2CO_3-40%SiO_2	24.3×10^{-6}

3.3.2.2　除硼动力学方程的建立

据式（3-16）可以发现，要进一步推导出除硼的积分式，需要从三个变量 t、

$w_{[B]}$、$w_{(BO_{1.5})}$ 中消去一个变量。假设熔渣和硅液的质量为 W_s 和 W_m，熔渣和硅液中硼的质量分数为 $w_{(BO_{1.5})}$ 和 $w_{[B]}$，且熔渣中的硼含量很低可以忽略不计，则根据造渣氧化精炼冶金级硅除硼过程中杂质元素硼的质量守恒定律可以发现，当除硼反应经过足够长的时间达到平衡的过程中存在以下关系：

$$\frac{W_m}{M_B}w_{[B]_0} = \frac{W_m}{M_B}w_{[B]} + \frac{W_s}{M_{BO_{1.5}}}w_{(BO_{1.5})} \tag{3-21}$$

将式（3-21）通过变形后就可以将 $w_{(B)}$ 表示成 $w_{[B]}$ 的函数：

$$w(BO_{1.5}) = \frac{W_m M_{BO_{1.5}}}{W_s M_B}(w_{[B]_0} - w_{[B]}) \tag{3-22}$$

将式（3-22）代入式（3-16）中分离变量后，以 $t_0 = 0$，$w_{[B]_0}$ 为初始条件进行积分后得到：

$$w_{[B]} = \frac{w_{[B]_0}}{L_{B(\%)} + W_m/W_s}\left\{L_{B(\%)}\exp\left[-\frac{A}{W_m}k(L_{B(\%)} + W_m/W_s)t\right] + W_m/W_s\right\} \tag{3-23}$$

式中，W_m/W_s 为渣硅质量比；$w_{[B]_0}$ 为硅液中的初始 B 浓度。

可见式（3-23）具有以下形式：

$$y = a + be^{-\lambda t} \tag{3-24}$$

其中

$$a = \frac{W_m/W_s}{L_{B(\%)} + W_m/W_s}w_{[B]_0}$$

$$b = \frac{L_B}{L_{B(\%)} + W_m/W_s}w_{[B]_0}$$

$$\lambda = Ak/W_m k(L_{B(\%)} + W_m/W_s)$$

式（3-24）即为造渣精炼冶金级硅除硼过程的动力学方程，利用该模型可以讨论不同精炼条件下硅中硼含量与精炼时间的关系。其中 a 为无限长精炼时间后，硅熔体中的杂质硼的最低浓度。

由式（3-24）可知，当精炼时间无限延长后，造渣精炼冶金级硅后，硅中硼含量为：

$$\lim_{t\to\infty}w_{[B]} = \frac{W_m/W_s}{L_{B(\%)} + W_m/W_s}w_{[B]_0} \tag{3-25}$$

式中，$w_{[B]}$ 为无限长精炼时间后冶金级硅中的硼含量。

从中可以发现，一方面可以通过增加杂质硼在熔渣与冶金级硅之间的分配比（$L_{B(\%)}$）来降低精炼后最终冶金级硅中的硼含量；另一方面可以通过增大冶金熔渣与冶金级硅的质量比（渣硅比）来降低最终精炼后冶金级硅熔体中的硼含量。

将已有研究过的锂系渣精炼实验数据[50]代入式（3-23），利用式（3-25）进行拟合，可以得到锂系渣精炼除 B 的动力学方程及参数，见表 3-2（a）、（b）。从中可以发现，不同造渣精炼冶金级硅得到的实验值与式（3-25）得到的曲线是吻合的，这证明了以上造渣精炼冶金级硅除 B 动力学方程的有效性。并且可以发现，各熔渣精炼后，硅中杂质 B 的极限浓度略低于实验时间下的浓度，这与实验得到的趋势是吻合的。

在精炼时间为 0~240min，渣硅比为 1∶1，精炼温度为 1823K 时，得到二元熔渣 $50\%SiO_2$-$50\%CaO$ 和三元熔渣及 K_2CO_3 含量为 5%~20%的 CaO-SiO_2-K_2CO_3 精炼冶金级硅后硅中的硼含量，结合式（3-25）进行拟合，如图 3-16 所示，最终得到二元熔渣 $50\%SiO_2$-$50\%CaO$ 和三元熔渣 CaO-SiO_2-K_2CO_3 精炼除硼的动力学方程，见表 3-2（c）~（g）。

由造渣精炼冶金级硅除硼动力学模型推导的过程可以发现，在渣硅比固定为 1∶1 的条件，精炼温度为 1823K 下，当精炼时间无限延长时，硅中的最终硼含量可表示为：

$$\lim_{t \to \infty} w_{[B]} = \frac{1}{L_B + 1} w_{[B]_0} \tag{3-26}$$

将 $L_B = \exp(1450/T + 3/4\ln a_{SiO_2} + 3/2\ln a_{CaO} + 7.42)$ 代入式（3-26）可以发现

$$\lim_{t \to \infty} w_{[B]} = \frac{1}{\exp(1450/T + 3/4\ln a_{SiO_2} + 3/2\ln a_{CaO} + 7.42) + 1} w_{[B]_0} \tag{3-27}$$

从式（3-27）可以看出，当硅熔体中初始硼浓度 $w_{[B]_0}$ 为定值定值时，精炼后硅中最低 B 浓度值是由熔渣的热力学性质所决定的，熔渣中各组元的活度和精炼温度决定了最终硅熔体中杂质硼的含量。对于同一种熔渣组成体系来说，a 值的大小在一定程度上代表了熔渣的除硼能力的强弱，即方程中 a 值越小，熔渣的除硼能力就越强。若熔渣中氧化性的 SiO_2 活度不变，增加熔渣碱性化合物的活度确实是可以在一定程度上降低最终硅中的硼含量，方程中的 a 值就越低，那么熔渣除硼能力越强，这与在一定程度上增强熔渣的光学碱度能够提高熔渣除硼效果的结论是相一致的。通过拟合得到的 a 值见表 3-1，从中可以发现，当向二元熔渣中加入一定量的碱性氧化物后，造渣精炼除硼能力逐渐增加，值得注意的是，对于含钾的熔渣体系来说，碱性渣的除硼能力随着加入碳酸钾量的增加而增加，这与式（3-27）是相符合的。

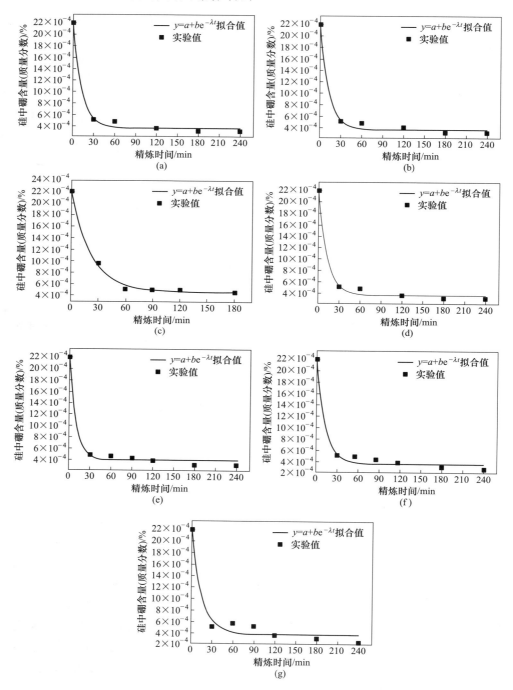

图 3-16 不同渣系精炼时间与硼含量和拟合关系

（a）40%CaO-40%SiO$_2$-20%LiF；（b）40%CaO-40%SiO$_2$-20%Li$_2$O；（c）50%CaO-50%SiO$_2$；

（d）47.5%CaO-5%K$_2$CO$_3$-47.5%SiO$_2$；（e）45%CaO-10%K$_2$CO$_3$-45%SiO$_2$；

（f）42.5%CaO-15%K$_2$CO$_3$-42.5%SiO$_2$；（g）40%CaO-20%K$_2$CO$_3$-40%SiO$_2$

表 3-2   不同渣系除硼动力学方程及参数

编号	精炼渣系	参数			除硼动力学方程
		a	b	λ	
(a)	40%CaO-40%SiO₂-20%LiF	4.3	17.7	3.22	$y = 4.3 + 17.7e^{-3.22t}$
(b)	40%CaO-40%SiO₂-20%Li₂O	4	18	3.3	$y = 4 + 18e^{-3.3t}$
(c)	50%CaO-50%SiO₂	4.7	17	3.87	$y = 4.7 + 17.3e^{-3.87t}$
(d)	47.5%CaO-5%K₂CO₃-47.5%SiO₂	4.3	17.7	3.22	$y = 4.3 + 17.7e^{-3.22t}$
(e)	45%CaO-10%K₂CO₃-45%SiO₂	4	18	3.3	$y = 4 + 18e^{-3.3t}$
(f)	42.5%CaO-15%K₂CO₃-42.5%SiO₂	3	19	2.45	$y = 3 + 19e^{-2.45t}$
(g)	40%CaO-20%K₂CO₃-40%SiO₂	2.5	19.5	1.96	$y = 2.5 + 19.5e^{-1.96t}$

3.3.3   不同渣剂对杂质去除的影响

3.3.3.1   电阻加热下 CaO-SiO₂-ZnCl₂ 三元熔渣除硼

A   精炼渣组成对除硼效果的影响

在相同精炼时间、温度和渣硅比条件下，考察不同 ZnCl₂ 添加量对冶金级硅除硼效果的影响。精炼时间为 2h，精炼温度为 1823K，渣硅比为 1:1，实验条件及结果如表 3-3、图 3-17 和图 3-18 所示。

表 3-3   不同 ZnCl₂ 含量的 CaO-SiO₂-ZnCl₂ 三元熔渣除硼效果

序号	熔渣组成/%			硅中硼含量/%	渣中硼含量/%	分配系数
	CaO	SiO₂	ZnCl₂			
1	45	45	10	12.83×10⁻⁴	14.16×10⁻⁴	1.10
2	40	40	20	11.95×10⁻⁴	19.63×10⁻⁴	1.64
3	35	35	30	13.49×10⁻⁴	17.68×10⁻⁴	1.31

在造渣精炼去除冶金级硅中杂质硼的研究中，常用杂质硼的分配系数来表征其去除效果，见式（3-28）。

$$L_B = \frac{w_{(B)}}{w_{[B]}} \quad (3-28)$$

式中，$w_{(B)}$ 和 $w_{[B]}$ 分别为精炼后渣中的硼含量及硅中的硼含量。

图 3-17 所示为 20%ZnCl₂ 添加下三元渣精炼后的实物图，从图中可以看到精炼以后硅分布在渣中，中间呈现金属光泽，而熔渣沿着刚玉坩埚分布在硅的周围，图中有两种颜色的精

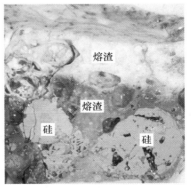

图 3-17   40%CaO-40%SiO₂-20%ZnCl₂
渣精炼后样品图

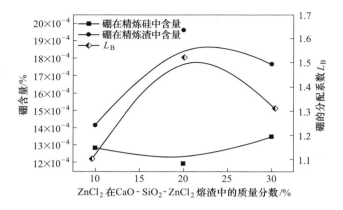

图 3-18 不同 $ZnCl_2$ 添加量对于精炼后硼含量及分配系数的影响

炼渣一种是白色的，由于其密度小出现在上端；另一种灰色的精炼渣出现在底部。

由表 3-3 可以看出，当 $CaO\text{-}SiO_2\text{-}ZnCl_2$ 三元渣中 $ZnCl_2$ 的含量分别为 10%、20%、30%时，精炼以后硅中的硼含量（质量分数）可以从初始的 22×10^{-4}% 分别降低为 12.83×10^{-4}%、11.95×10^{-4}%、13.49×10^{-4}%，硼含量呈现先减少后增加的变化规律；而熔渣中的硼含量分别为 14.16×10^{-4}%、19.63×10^{-4}%、17.68×10^{-4}%，硼含量呈现出先增加后减小的趋势；硼的分配系数先增加后减小。从而可以得到当利用 $CaO\text{-}SiO_2\text{-}ZnCl_2$ 熔渣精炼冶金级硅时，$ZnCl_2$ 含量为 20%时除硼效果较好。

图 3-19 所示为 $CaO\text{-}SiO_2\text{-}ZnCl_2$ 三元熔渣中 $ZnCl_2$ 含量为 30%时精炼后硅和渣的 XRD 图。结果表明：精炼硅中物相全部为 Si，硅纯度较高；精炼渣中物相

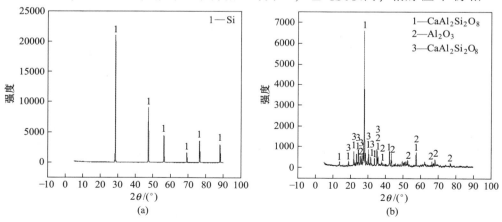

图 3-19 35%CaO-35%SiO_2-30%$ZnCl_2$ 精炼后 XRD 图

（a）精炼 Si 物相；（b）精炼渣物相

分别为 $CaAl_2Si_2O_8$、Al_2O_3、$Ca(Al_2Si_2O_8)$，在精炼渣中没有发现含 Zn 物相，这是由于在精炼过程中 Zn 挥发所致。而渣相中出现了含 Al_2O_3 等物相，分析原因可能是受刚玉坩埚的影响。

B 渣硅比对除硼效果的影响

为了考察 CaO-SiO_2-$ZnCl_2$ 熔渣在精炼冶金级硅的过程中，渣硅比对硅中杂质硼去除效果的影响，在保证其他条件不变的情况下，选取了 0.5~2 的渣硅比进行精炼实验。实验温度为 1823K，精炼时间为 2h，其精炼条件和实验结果如表 3-4 和图 3-20 所示。

表 3-4 不同渣硅比的 40%CaO-40%SiO₂-20%ZnCl₂ 三元熔渣除硼效果

序号	熔渣组成/%			渣硅比	硅中硼含量/%	渣中硼含量/%	分配系数
	CaO	SiO₂	ZnCl₂				
1	40	40	20	0.5:1	18.89×10⁻⁴	12.05×10⁻⁴	0.64
2	40	40	20	1:1	11.95×10⁻⁴	19.63×10⁻⁴	1.64
3	40	40	20	2:1	7.92×10⁻⁴	11.89×10⁻⁴	1.50

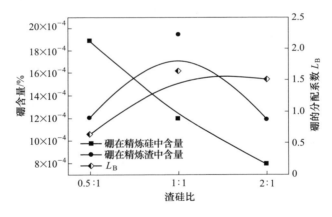

图 3-20 渣硅比对 40%CaO-40%SiO₂-20%ZnCl₂ 精炼后硼含量和分配系数的影响

由图 3-20 和实验数据表可以看出，随着渣硅比的增加，硅中的硼含量明显减小，杂质硼的分配系数也随着渣硅比的增加而增大，除硼效果逐渐提高。当渣硅比从 0.5:1 提高到 2:1 时，冶金级硅中的硼含量可以从 22×10⁻⁴% 分别降低至 18.89×10⁻⁴%、11.95×10⁻⁴% 和 7.92×10⁻⁴%。这是由于随着造渣精炼过程中造渣剂含量的适当增加，可以保证冶金级硅中杂质硼与造渣剂接触更加充分，有利于杂质硼的去除。

C 精炼时间对除硼效果的影响

选取 40%CaO-40%SiO₂-20%ZnCl₂ 三元熔渣进行精炼实验，在相同的精炼温度 1823K，熔渣与硅质量比 1:1 的条件下，分别精炼 1h、2h、3h 来研究精炼时间对冶金级硅中杂质硼去除的影响。实验条件及结果如表3-5和图3-21所示。

表 3-5　不同精炼时间的 40%CaO-40%SiO₂-20%ZnCl₂ 三元熔渣除硼效果

序号	熔渣组成/%			时间/h	硅中硼含量/%	渣中硼含量/%	分配系数
	CaO	SiO₂	ZnCl₂				
1	40	40	20	1	15.48×10^{-4}	11.28×10^{-4}	0.73
2	40	40	20	2	11.95×10^{-4}	19.63×10^{-4}	1.64
3	40	40	20	3	8.91×10^{-4}	21.39×10^{-4}	2.40

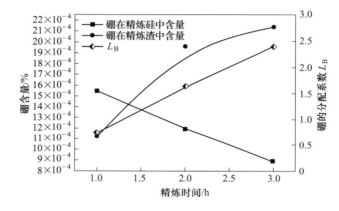

图 3-21　精炼时间对 40%CaO-40%SiO₂-20%ZnCl₂ 熔渣精炼后硼含量和分配系数的影响

由图 3-21 和表 3-5 可以看出，随着精炼时间的增加，硅中的硼含量明显减小，杂质硼的分配系数也随着精炼时间的增加而增大，除硼效果逐渐提高。当精炼时间从 1h 提高到 3h 时，冶金级硅中的硼含量可以从 22×10^{-4}% 分别降低至 15.48×10^{-4}%、11.95×10^{-4}% 和 8.91×10^{-4}%。精炼时间的延长，保证了造渣剂和杂质硼的充分反应，而且也有利于熔渣和精炼硅分离。根据很多研究学者的理解，造渣除硼有 3 个基本过程：（1）硅中的杂质硼通过靠近熔硅一侧的边界层向渣-硅界面处扩散；（2）造渣剂与杂质硼在界面处的化学反应使杂质硼被氧化为硼氧化物；（3）硼氧化物通过靠近熔渣一侧的边界层向熔渣中扩散，进入渣相。通过以上 3 个过程随着造渣精炼以后渣硅分离，冶金级硅中的杂质硼被氧化去除。随着精炼时间的延长，无论是杂质硼从硅熔体中向反应界面处扩散，还是精炼过程中生成的硼氧化物通过渣边界层向熔渣中扩散都能有足够的时间来进行，这对于杂质硼的去除是十分有利的。

　　D　精炼温度对除硼效果的影响

　　选取 40%CaO-40%SiO₂-20%ZnCl₂ 三元熔渣进行精炼实验，在精炼时间为 2h

且熔渣与硅质量比为 1:1 的条件下，选择不同的精炼温度分别为 1723K、1773K、1823K 来研究精炼温度对冶金级硅中杂质硼去除的影响。实验条件及结果如表 3-6 和图 3-22 所示。

表 3-6 不同精炼温度的 40%CaO-40%SiO$_2$-20%ZnCl$_2$ 三元熔渣除硼效果

序号	熔渣组成/%			温度/K	硅中硼含量/%	渣中硼含量/%	分配系数
	CaO	SiO$_2$	ZnCl$_2$				
1	40	40	20	1723	17.90×10^{-4}	14.39×10^{-4}	0.80
2	40	40	20	1773	13.56×10^{-4}	15.28×10^{-4}	1.13
3	40	40	20	1823	11.95×10^{-4}	19.63×10^{-4}	1.64

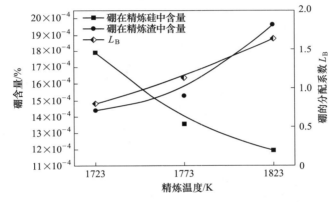

图 3-22 精炼温度对 40%CaO-40%SiO$_2$-20%ZnCl$_2$ 熔渣精炼后硼含量和分配系数的影响

由图 3-22 和表 3-6 可以看出，随着精炼温度的增加，精炼硅中杂质硼含量呈现降低的趋势，从 22×10^{-4}% 分别降低为 17.90×10^{-4}%、13.56×10^{-4}%、11.95×10^{-4}%。相应地，杂质硼的分配系数分别为 0.80、1.13 和 1.64。温度的适当提高有利于杂质硼的去除，这是由于熔渣的黏度较大，当精炼温度较低时如 1723K，熔渣的流动性不好，无法充分地与冶金级硅接触，这样就降低了硅中杂质硼和熔渣接触并反应的可能性。当温度较高时，如 1823K 熔渣和熔体硅都具有很好的流动性，杂质硼更有可能和造渣剂接触并发生反应。此外，精炼温度的提高还有助于渣-硅界面处氧化反应的发生。

3.3.3.2 电阻加热下 CaO-SiO$_2$-ZnO 三元熔渣除硼

A 精炼渣组成对除硼效果的影响

在相同精炼时间、温度和渣硅比条件下，考察不同 ZnO 添加量对冶金级硅除硼效果的影响。精炼时间为 2h，精炼温度为 1823K，渣硅比为 1:1，实验条件及结果如表 3-7、图 3-23 和图 3-24 所示。

表 3-7   不同 ZnO 含量的 CaO-SiO$_2$-ZnO 三元熔渣除硼效果

序号	熔渣组成/%			硅中硼含量/%	渣中硼含量/%	分配系数
	CaO	SiO$_2$	ZnO			
1	45	45	10	$7.51×10^{-4}$	$23.32×10^{-4}$	3.11
2	40	40	20	$13.41×10^{-4}$	$22.28×10^{-4}$	1.66
3	35	35	30	$10.35×10^{-4}$	$23.56×10^{-4}$	2.28
4	30	30	40	$12.21×10^{-4}$	$22.75×10^{-4}$	1.86
5	25	25	50	$12.61×10^{-4}$	$16.92×10^{-4}$	1.34
6	20	20	60	$13.31×10^{-4}$	$14.10×10^{-4}$	1.06

 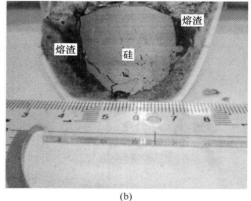

(a)   (b)

图 3-23   35%CaO-35%SiO$_2$-30%ZnO 精炼后的样品图

(a) 俯视图；(b) 切面图

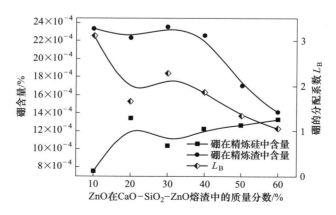

图 3-24   不同 ZnO 添加量对于精炼后硼含量及分配系数的影响

从图 3-23（a）可以看到在硅熔体的表面覆盖着一层白色的精炼渣，图 3-23（b）是利用金刚石线切割机切开的切面图，可以发现精炼以后渣和硅分离的很好，熔渣沿着刚玉坩埚分布在外侧，而精炼硅则位于熔渣的中间，被精炼渣所包裹。

由图 3-24 和表 3-7 可以看出，在使用 CaO-SiO_2-ZnO 三元渣精炼冶金级硅的过程中，在一定范围内随着造渣剂中 ZnO 含量的增加，造渣精炼除硼效果有所降低。当 CaO-SiO_2-ZnO 三元渣中 ZnO 含量从 10% 提高到 30% 时，精炼以后 Si 中的 B 含量从 22×10^{-4}% 分别降低到 7.51×10^{-4}%、13.41×10^{-4}% 和 10.35×10^{-4}%。继续提高造渣剂中 ZnO 的含量，从 30% 提高 60%，该三元渣系只能将杂质硼含量分别降低至 12.21×10^{-4}%、12.61×10^{-4}% 和 13.31×10^{-4}%，相比于原料中的硼含量有一定的去除效果。而且杂质硼的分配系数随着造渣剂中 ZnO 含量的增加呈现出降低的趋势。综合考虑，CaO-SiO_2-ZnO 三元渣系 ZnO 的添加量为 10% 时，除硼效果最好，并不是越多越好。

图 3-25（a）所示为 30%ZnO-CaO-SiO_2 熔渣精炼后对硅和渣的物相分析图谱。结果表明精炼后硅中物相全部为硅，硅粉纯度较高。图 3-25（b）表明精炼后渣中物相为 SiO_2、Al_2O_3 和 $CaAl_2Si_2O_8$，其中 SiO_2 可能有少部分硅被氧化，含 Al 物相存在可能是因为实验所用坩埚为刚玉坩埚，一部分 Al_2O_3 会在精炼过程中溶解在渣中。

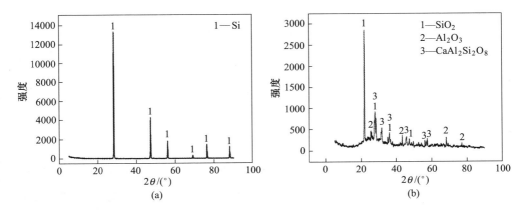

图 3-25 35%CaO-35%SiO_2-30%ZnO 渣精炼后 XRD 图
（a）精炼硅物相；（b）精炼渣物相

B 渣硅比对除硼效果的影响

为了考察 CaO-SiO_2-ZnO 熔渣在精炼冶金级硅的过程中，渣硅比对硅中杂质硼去除效果的影响，在保证其他条件不变的情况下，选取了 0.5~2 的渣硅比进行精炼实验。实验温度为 1823K，精炼时间为 2h，其精炼条件和实验结果如表 3-8 和图 3-26 所示。

表 3-8 不同渣硅比的 40%CaO-40%SiO$_2$-20%ZnO 三元熔渣除硼效果

序号	熔渣组成/%			渣硅比	硅中硼含量/%	渣中硼含量/%	分配系数
	CaO	SiO$_2$	ZnO$_2$				
1	40	40	20	0.5:1	16.82×10^{-4}	23.38×10^{-4}	1.39
2	40	40	20	1:1	13.41×10^{-4}	22.28×10^{-4}	1.66
3	40	40	20	2:1	12.09×10^{-4}	25.28×10^{-4}	2.09

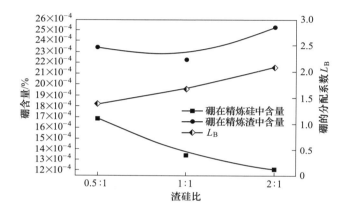

图 3-26 渣硅比对 40%CaO-40%SiO$_2$-20%ZnO 精炼后 B 含量和分配系数的影响

由图 3-26 和表 3-8 可以看出，随着渣硅比的增加，精炼硅中的硼含量逐渐减少，从原料中 22×10^{-4}% 分别降低至 16.82×10^{-4}%、13.41×10^{-4}% 和 12.09×10^{-4}%。杂质硼的分配系数也从 1.39 提高到 2.09。这一变化趋势和 CaO-SiO$_2$-ZnCl$_2$ 三元熔渣是一致的。

C 精炼时间对除硼效果的影响

选取 40%CaO-40%SiO$_2$-20%ZnO 三元熔渣进行精炼实验，在相同的精炼温度 1823K，且渣硅比为 1 的条件下，分别精炼 1h、2h、3h 来研究精炼时间对冶金级硅中杂质硼去除的影响。实验条件及结果如表 3-9 和图 3-27 所示。

由图 3-27 和表 3-9 可以看出，随着精炼时间的增加，精炼以后硅中的硼含量从 22×10^{-4}% 分别降低到 16.21×10^{-4}%、13.41×10^{-4}% 和 8.02×10^{-4}%，精炼渣中的硼含量变化不大。精炼以后杂质硼的分配系数随着精炼时间的延长而持续增加，从 1.20 提高到 2.70。分析原因和 CaO-SiO$_2$-ZnCl$_2$ 熔渣体系是一致的，精炼时间的增加保证了造渣剂除硼反应以及杂质硼在硅熔体中的扩散传质，保证了硼氧化物在熔渣中扩散传质的充分进行。

表 3-9　不同精炼时间的 40%CaO-40%SiO₂-20%ZnO 三元熔渣除硼效果

序号	熔渣组成/%			时间/h	硅中硼含量/%	渣中硼含量/%	分配系数
	CaO	SiO₂	ZnO				
1	40	40	20	1	16.21×10^{-4}	19.46×10^{-4}	1.20
2	40	40	20	2	13.41×10^{-4}	22.28×10^{-4}	1.66
3	40	40	20	3	8.02×10^{-4}	21.65×10^{-4}	2.70

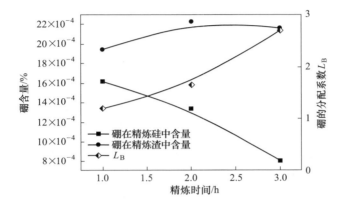

图 3-27　精炼时间对 40%CaO-40%SiO₂-20%ZnO 熔渣精炼后硼含量和分配系数的影响

D　精炼温度对除硼效果的影响

选取 40%CaO-40%SiO₂-20%ZnO 三元熔渣进行精炼实验，在精炼时间为 2h 且渣硅比为 1 的条件下，选择不同的精炼温度分别为 1723K、1773K、1823K 来研究精炼温度对冶金级硅中杂质硼去除的影响。实验条件及结果如表 3-10 和图 3-28 所示。

表 3-10　不同精炼温度的 40%CaO-40%SiO₂-20%ZnO 三元熔渣除硼效果

序号	熔渣组成/%			温度/K	硅中硼含量/%	渣中硼含量/%	分配系数
	CaO	SiO₂	ZnO				
1	40	40	20	1723	16.98×10^{-4}	19.86×10^{-4}	1.17
2	40	40	20	1773	15.06×10^{-4}	20.27×10^{-4}	1.35
3	40	40	20	1823	13.41×10^{-4}	22.28×10^{-4}	1.66

由图 3-28 和表 3-10 可以看出，随着精炼温度的增加，精炼硅中杂质硼含量呈现降低的趋势，从 22×10^{-4}% 分别降低为 16.98×10^{-4}%、15.06×10^{-4}%、13.41×10^{-4}%。相应地，杂质硼的分配系数分别为 1.17、1.35 和 1.66。精炼温度对于

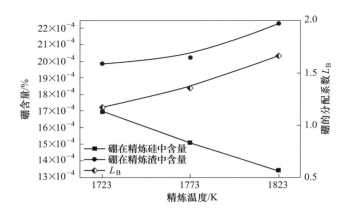

图 3-28 精炼温度对 40%CaO-40%SiO$_2$-20%ZnO 熔渣精炼后硼含量和分配系数的影响

CaO-SiO$_2$-ZnO 熔渣影响规律和其对 CaO-SiO$_2$-ZnCl$_2$ 熔渣的影响规律基本类似。原因都是当精炼温度较低时如 1723K，熔渣的流动性不好，无法充分地与冶金级硅接触，这样就降低了硅中杂质硼和熔渣接触并反应的可能性。当温度较高时，如 1823K 熔渣和熔体硼都具有很好的流动性，杂质硼更有可能和造渣剂接触并发生反应。此外，精炼温度的提高还有助于渣-硅界面处氧化反应的发生。

3.3.3.3 电磁感应加热下 CaO-SiO$_2$-ZnO 三元熔渣除硼

实验以硼含量为 12.94×10^{-4}% 的冶金级作为原料，该原料来自云南某工业硅厂。在 50%CaO-50%SiO$_2$ 二元熔渣基础上分别添加质量分数为 2%、5%、8%、10%、20%、25% 和 30% 的 ZnO 进行精炼除杂研究，造渣剂 CaO、SiO$_2$ 和 ZnO 均为分析纯。实验选取 30g 工业硅和 30g 熔渣进行精炼，精炼温度保持在 1823K（1550℃），精炼时间为 60min，实验条件见表 3-11。

表 3-11 电磁感应加热条件下 CaO-SiO$_2$-ZnO 熔渣精炼除硼实验

序号	熔渣组成/%			渣/g	硅/g	精炼时间/min	温度/K
	CaO	SiO$_2$	ZnO				
1	50	50	—	30	30	60	1823
2	49	49	2	30	30	60	1823
3	47.5	47.5	5	30	30	60	1823
4	46	46	8	30	30	60	1823
5	45	45	10	30	30	60	1823
6	40	40	20	30	30	60	1823
7	37.5	37.5	25	30	30	60	1823
8	35	35	30	30	30	60	1823

　　实验选用内径为 28mm，外径为 36mm，高为 140mm 的高纯石墨作为渣硅反应器。将坩埚放置在耐火砖上，使其位于感应线圈的中部。坩埚外部为石英管，在实验过程中通入纯度为 99.99%Ar 气作为保护气；通过调节感应电流缓慢提高温度，用红外测温仪来测定实验温度。在保温精炼 60min 之后，缓慢减小感应电流，使石墨坩埚冷却至室温；利用 STX-603 型金刚石线切割机将坩埚纵向切开，经过打磨抛光进行形貌分析，同时将精炼后的熔硅和熔渣分别从石墨坩埚中分离开来，并在玛瑙研钵中磨成 0.147mm（100 目）的细粉进行物相分析和化学分析。

　　使用 5%HCl-5%HF-90% 去离子水，液固比为 5∶1，在磁力搅拌的情况下对 50%CaO-50%SiO$_2$、8%ZnO-46%CaO-46%SiO$_2$ 和 20%ZnO-40%CaO-40%SiO$_2$ 渣精炼后的硅酸洗 2h。选取 20%ZnO-40%CaO-40%SiO$_2$ 渣精炼后的硅进行微观形貌（SEM）观察和能谱分析（EDS）；选取 8%ZnO-46%CaO-46%SiO$_2$ 和 20%ZnO-40%CaO-40%SiO$_2$ 这两种渣系精炼后的精炼硅和精炼渣进行 XRD 分析。利用 Optima 8000 型电感耦合等离子体发射光谱仪检测精炼杂质元素在硅和渣中的含量。

　　A　精炼前后形貌分析

　　利用多功能线切割机将 46%CaO-46%SiO$_2$-8%ZnO 三元渣精炼的石墨坩埚沿纵向和横向切开，如图 3-29 所示。图 3-29（a）中具有金属光泽的为精炼后的硅，灰色区域为精炼后的渣。熔渣与石墨坩埚接触良好，沿着坩埚分布在硅的周围。图 3-29（b）中可以看到精炼后的硅和渣分离良好，精炼硅位于精炼渣的中间，被渣所包裹。

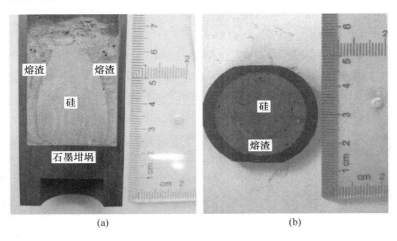

(a)　　　　　　　　　　　　(b)

图 3-29　46%CaO-46%SiO$_2$-8%ZnO 熔渣精炼后样品实物图
(a) 纵截面；(b) 横截面

　　图 3-30 所示为工业硅与 40%CaO-40%SiO$_2$-20%ZnO 渣精炼的硅微观形貌，图中的白色点为杂质富集相，而且图 3-30（a）中的白色点要比图 3-30（b）中的多，

这表明20%ZnO-40%CaO-40%SiO$_2$熔渣对工业硅中杂质有一个明显的去除效果。

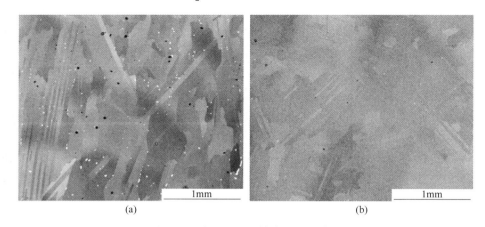

图 3-30 冶金级硅和精炼硅的形貌图

（a）冶金级硅；（b）40%CaO-40%SiO$_2$-20%ZnO 熔渣精炼后的硅

冶金级硅中含有不同种类的杂质富集相，通常这些杂质相为 Si-Fe-Al，Si-Fe-Al-Ti 及 Si-Fe-Al-Ca 等，如图 3-31（a）~（e）所示。但是值得注意的是在硅酸钙中添加 ZnO 精炼以后，这些杂质相变成 Si-Fe-Ti-Ca，如图 3-31（b）和（f）所示。造渣精炼以后硅含量增加，铝、铁、钛含量有所下降，见表 3-12。

B 渣系组成对除硼效果的影响

CaO-SiO$_2$-ZnO 三元熔渣精炼以后，硅中和渣中的硼含量如图 3-32 所示。从图中可以看到，在 50%CaO-50%SiO$_2$ 二元系条件下可以将原料中的硼含量从 12.94×10^{-4}%降低到 5.13×10^{-4}%，分配系数达到 1.83，去除率达到 60.36%。当在 50%CaO-50%SiO$_2$ 基础上添加 8%ZnO 时，硼含量可以从 12.94×10^{-4}%降低到 2.18×10^{-4}%，去除率达到 83.15%，分配系数达到 3.04，去除率提高了 20%左右，分配系数增大了 40%左右。

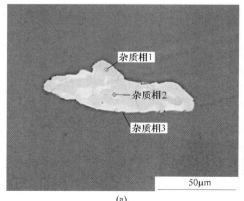

(a)　　　　　　　　　　　　　　　　(b)

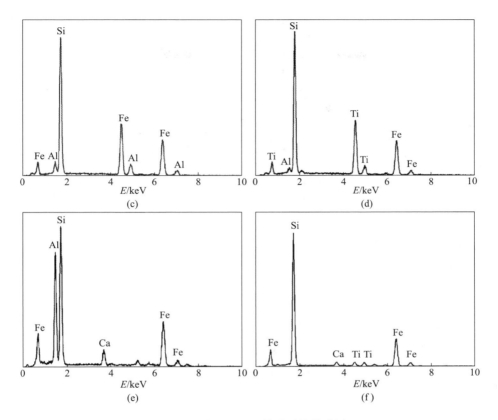

图 3-31 冶金级硅和精炼硅的能谱图

（a）冶金级硅；（b）40%CaO-40%SiO$_2$-20%ZnO 熔渣精炼后的硅；（c）冶金级硅中杂质相1；

（d）冶金级硅中杂质相2；（e）冶金级硅中杂质相3；（f）精炼硅中杂质相4

表 3-12 冶金级硅和 40%CaO-40%SiO$_2$-20%ZnO 熔渣精炼后硅的能谱数据

元素	原子百分数/%			
	杂质相1	杂质相2	杂质相3	杂质相4
Si	63.32	48.33	40.44	64.74
Fe	30.47	24.76	21.33	28.74
Al	6.20	2.29	31.36	—
Ti	—	22.03	—	2.01
Ca	—	—	4.07	2.06

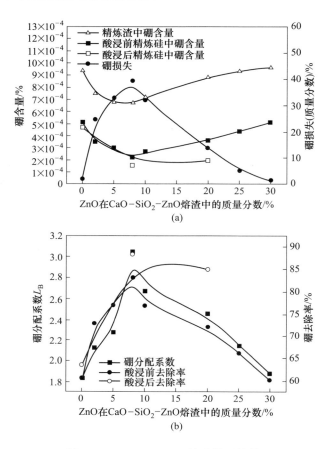

图 3-32 $CaO-SiO_2-ZnO$ 熔渣除硼效果

（a）精炼硅和渣中的硼含量和硼损失；（b）硼分配系数和去除率

不仅如此，通过图中数据可以发现，对精炼后的硅进行酸洗处理，杂质硼可以被进一步去除。酸洗以后 $50\%CaO-50\%SiO_2$ 渣精炼后硅中的硼含量从 $5.13\times10^{-4}\%$ 下降到 $4.71\times10^{-4}\%$；$46\%CaO-46\%SiO_2-8\%ZnO$ 渣精炼后硅中的硼含量从 $2.18\times10^{-4}\%$ 下降到 $1.52\times10^{-4}\%$；$40\%CaO-40\%SiO_2-20\%ZnO$ 渣精炼后硅中的硼含量从 $3.61\times10^{-4}\%$ 下降到 $1.94\times10^{-4}\%$。$46\%CaO-46\%SiO_2-8\%ZnO$ 熔渣精炼加上酸洗处理可以达到最大去除率为 88.25%。

在 $CaO-SiO_2-ZnO$ 三元熔渣精炼过程中，ZnO 将会和硅以及杂质硼发生反应：

$$3/2ZnO(l) + B(l) \Longrightarrow 3/2Zn(g) + 1/2B_2O_3(l) \tag{3-29}$$

$$2ZnO(l) + Si(l) \Longrightarrow 2Zn(g) + SiO_2 \tag{3-30}$$

如图 3-33 所示，由于造渣剂 ZnO 会发生反应（见式（3-29）和式（3-30）），从而产生 Zn 蒸气；当反应过程中产生的 Zn 蒸气从熔体中挥发出来时，它可以对熔体硅和熔渣起到一定的搅拌作用。此外，在电磁力的作用下熔体硅具有很好的流动性，Zn 蒸气和电磁力就会对熔体起到一个双重的搅拌作用，这样有助于熔渣与熔体硅的充分接触。熔渣中的活性氧可以将硅中杂质硼氧化成硼氧化物（B_2O_3），根据式（3-31）硼氧化物将会被 CaO 吸收至熔渣中去。

$$CaO + B_2O_3 \Longrightarrow CaO \cdot B_2O_3 \tag{3-31}$$

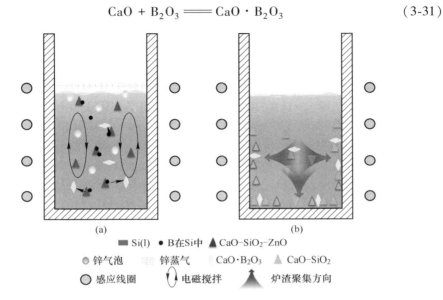

(a)　　　　　　　　　　(b)

- Si(l)　● B在Si中　▲ CaO-SiO₂-ZnO
- 锌气泡　锌蒸气　CaO·B₂O₃　△ CaO-SiO₂
- 感应线圈　电磁搅拌　炉渣聚集方向

图 3-33　电磁加热下 CaO-SiO₂-ZnO 熔渣除硼机理

(a) 熔渣除硼过程；(b) 渣硅分离

由于在冷却的过程中，石墨坩埚和熔渣会有更好的湿润性，因此熔渣会沿着石墨坩埚的内壁聚集，而精炼后的硅则在石墨坩埚的中部团聚，如图 3-33（b）所示。通过这样的方式，随着精炼渣和精炼硅的分离冶金级硅中的杂质硼得以去除。

在 CaO-SiO₂-ZnO 三元熔渣中，杂质硼的氧化主要通过反应式（3-29）和式（3-32）进行。

$$3/4SiO_2(l) + B(l) \Longrightarrow 3/4Si(l) + 1/2B_2O_3(l) \tag{3-32}$$

此外，在图 3-32（a）和（b）中可以看到，当初渣中 ZnO 的添加量在 5%～10% 之间时图线会有一个凹陷，此时精炼硅和精炼渣中的硼含量都很低。这是由于当硅酸钙渣系中 ZnO 的添加量为 5%～10% 时，造渣剂对于硼有最强的氧化性，更多含量的硼以气态硼氧化物的形式挥发了，造成了硼含量的损失。

C　熔渣碱度对除硼分配系数的影响

一般来说，熔渣碱度对于硼的分配系数有重要的影响，将会直接影响到杂质硼的去除效果。渣系碱度可以通过式（3-33）和式（3-34）来进行计算。

$$\Lambda = \sum_{B=1}^{n} x'_B \Lambda_B \tag{3-33}$$

$$x'_B = n_0 x_B \Big/ \sum_{B=1}^{n} n_0 x_B \tag{3-34}$$

式中，Λ_B 为氧化物 B 的光学碱度；x_B 和 x'_B 分别为氧化物 B 的摩尔分数和氧化物 B 中氧负离子的摩尔分数；n_0 为氧化物 B 中氧原子数目。

图 3-34（a）所示为不同 CaO-SiO_2-ZnO 渣系组分下，初始渣和反应终渣的碱度。可以看到在初始渣中，碱度随着 ZnO 添加量的增加而增大。这是由于 ZnO 的光学碱度为 0.9 接近于 CaO 的光学碱度（1.0），在 CaO/SiO_2 质量比为 1 的情况下，添加 ZnO 会增加初始渣的碱度，但是，反应终渣的碱度却随着 ZnO 添加量的增加而降低。这是由于反应式（3-30）的发生，导致了终渣中会有更多 SiO_2 的生成。图 3-34（b）所示为终渣碱度与硼分配系数的关系。可以看到，硼分配系数随着终渣碱度增加而增大，当碱度值为 0.654 时分配系数达到了最大值 3.04（此时对应的初渣中 ZnO 的添加量为 8%），之后分配系数又随着碱度的增加而降低。当 ZnO 的添加量为 8% 时，终渣有一个合适的碱度和氧化能力。这种碱度与分配系数的关系类似于 CaO-SiO_2-K_2CO_3 三元熔渣精炼除硼时得到的关系。

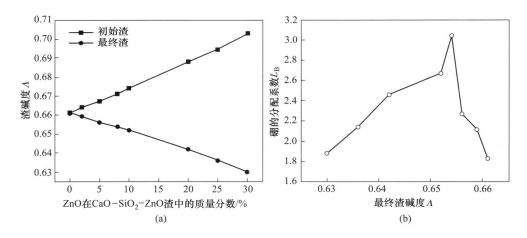

图 3-34　CaO-SiO_2-ZnO 熔渣碱度和硼分配系数
（a）初始渣和反应终渣碱度；（b）硼分配系数和反应终渣碱度的关系

一般来说，硼被认为是以固溶体的形式存在于冶金级硅中的，因此单纯地酸洗很难将其去除。在 CaO-SiO_2-ZnO 三元熔渣精炼时，杂质硼会在反应界面被造渣剂 SiO_2 和 ZnO 通过反应式（3-29）和式（3-32）氧化成 B_2O_3，然后 B_2O_3 通过反应式（3-31）的发生扩散至靠近熔渣一侧的边界层。ZnO 的添加降低了 CaO

的有效浓度，导致 CaO 对于 B_2O_3 的吸收能力下降。可能会有较少数量的杂质硼被氧化成 B_2O_3，但是由于硅酸钙渣的吸收能力下降而存在精炼硅中，比如 40%CaO-40%SiO$_2$-20%ZnO 熔渣精炼以后的硅，经过酸洗处理可以使其中的硼含量进一步降低。

D 精炼渣中的物相及其他杂质的去除

选取 46%CaO-46%SiO$_2$-8%ZnO 和 40%CaO-40%SiO$_2$-20%ZnO 两种渣系精炼后的渣进行物相分析。分析发现反应后的精炼渣主要是 $Ca_3(Si_3O_9)$、Ca_2SiO_4 和 SiO_2 等物相，没有 $ZnSiO_3$ 物相存在，如图 3-35 所示。

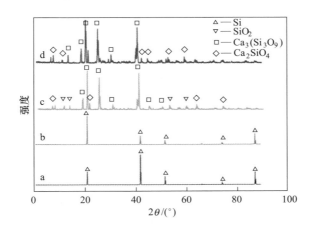

图 3-35 精炼硅和渣的物相图

a—40%CaO-40%SiO$_2$-20%ZnO 熔渣精炼后的硅；b—46%CaO-46%SiO$_2$-8%ZnO 熔渣精炼后的硅；
c—40%CaO-40%SiO$_2$-20%ZnO 熔渣精炼后的渣；d—46%CaO-46%SiO$_2$-8%ZnO 熔渣精炼后的渣

由于 ZnO 的碱性较弱，在反应的过程中 ZnO 和 SiO_2 几乎不发生反应，而 CaO 碱性较强，与 SiO_2 具有很强的亲和力，在一定程度上降低了 SiO_2 氧化杂质 B 的能力，见式（3-35）。

$$CaO + SiO_2 \Longrightarrow CaSiO_3 \qquad (3-35)$$

因此在 CaO-SiO$_2$ 中加入适量的 ZnO 后，既能够提高熔渣氧化杂质硼的能力，又不会对终渣碱度产生明显的不利影响，这样就会提高冶金级硅熔渣除硼效果。

图 3-36 所示为 CaO-SiO$_2$-ZnO 熔渣对冶金级硅中杂质 Al 和 Fe 的去除效果。可以看到与二元熔渣 50%CaO-50%SiO$_2$ 相比，添加 20%ZnO 可以将 Al 和 Fe 的含量分别从 817×10^{-4}% 和 3800×10^{-4}% 降低至 2×10^{-4}% 和 770×10^{-4}%。同样地，酸洗处理对于杂质 Al 和 Fe 的进一步去除有着明显的效果，分别可以进一步降低至 1.2×10^{-4}% 和 96×10^{-4}%。酸洗以后，Al 和 Fe 的去除效率分别可以达到 99.8% 和 97.5%。

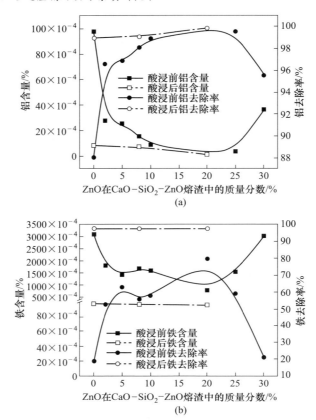

图 3-36 CaO-SiO₂-ZnO 熔渣对于杂质 Al 和 Fe 的去除效果

（a）Al 的去除；（b）Fe 的去除

3.3.3.4 电阻和电磁感应加热下熔渣除硼的对比

CaO-SiO₂-ZnO 三元熔渣在电磁加热和电阻加热精炼后的形貌如图 3-37 所示。由图中可以看到两种加热方式下，精炼后的渣和硅分离得很好，精炼硅被精炼渣包裹在周围，而精炼渣由于有较大的黏度和界面张力沿着石墨坩埚或刚玉坩埚的内壁团聚起来。

CaO-SiO₂-ZnO 三元熔渣中不同 ZnO 的添加量和加热方式对冶金级硅中杂质硼去除率的影响如图 3-38 所示。可以看到无论是电磁加热还是电阻加热，当 ZnO 的添加量为 8%～10% 时，该三元熔渣对杂质硼有一个较大的去除效果。电阻加热下 45%CaO-45%SiO₂-10%ZnO 熔渣可以将杂质硼去除到 7.51×10^{-4}%，而电磁加热条件下该三元熔渣可以使杂质硼含量降低至 2.69×10^{-4}%。这是由于电磁感应加热加速了反应式（3-36）～式（3-38）的发生，提高了杂质硼的去除效果。

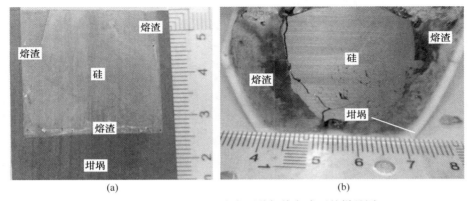

图 3-37 CaO-SiO$_2$-ZnO 渣在两种加热方式下的样品图

（a）电磁加热；（b）电阻加热

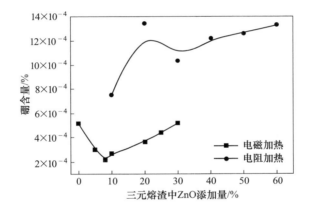

图 3-38 不同加热方式对于杂质硼去除效果的影响

$$B(l) + 3/4SiO_2(l) + 1/2CaO(l) \Longrightarrow 1/2CaB_2O_4(l) + 3/4Si(l)$$
$$\Delta G^\ominus = 16682 - 48.85T(J/mol) \tag{3-36}$$

$$B(l) + 3/2ZnO(l) + 1/2CaO(l) \Longrightarrow 1/2CaB_2O_4(l) + 3/2Zn(l)$$
$$\Delta G^\ominus = -236443 - 23.35T(J/mol) \tag{3-37}$$

$$Zn(l) \Longrightarrow Zn(g)$$
$$\Delta G^\ominus = 84268 - 94.04T(J/mol) \tag{3-38}$$

CaO-SiO$_2$-ZnO 三元熔渣除硼过程机理如图 3-39 所示，主要有以下几个步骤：（1）冶金级硅中杂质［B］向渣-硅反应界面处扩散，造渣剂（CaO、SiO$_2$、ZnO）同时也向渣-硅界面处扩散；（2）造渣剂与杂质［B］在反应界面发生反应 a 和 b；（3）硼酸盐 CaB$_2$O$_4$ 从反应界面处向熔渣一侧扩散，Zn（l）向熔硅一侧扩散；（4）Zn（g）从硅熔体中向气相中挥发。

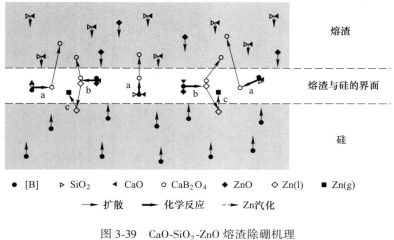

图 3-39   CaO-SiO$_2$-ZnO 熔渣除硼机理

3.3.3.5   CaO-SiO$_2$ 二元渣系

CaO-SiO$_2$ 二元渣系是目前国内外最常见、研究最多的熔渣体系。从 CaO-SiO$_2$ 二元渣系的熔点相图[51,52]可以看出，CaO-SiO$_2$ 渣系的熔点是随着 SiO$_2$ 含量变化而变化的。当 SiO$_2$ 含量为 50% 时，CaO-SiO$_2$ 渣的熔点最高，达到 1816K，而硅的熔点为 1687K，因此，根据造渣氧化精炼原理，CaO-SiO$_2$ 二元渣的精炼温度应选在 1687~1816K 之间。精炼完成后，静置熔体，使其完成渣硅的重力分离，从而实现除杂的目的。

Khattak 等人[53]发现，熔渣碱度足够大时，高温下 SiO$_2$ 可与熔融硅中的 P 等杂质反应，从而将杂质从硅熔体中分离出来，有效地降低 P 等杂质的浓度。通过化学平衡的方法研究 1723K 下熔融硅中的 Ca 与 P 作用的性质，Shimpo 等人[54]发现，Ca 的添加有利于减少 P 在 Si 中的分凝系数，形成 Ca$_3$P$_2$，沉积在第二相 CaSi$_2$ 附近，利用酸洗能够洗去 Ca$_3$P$_2$，实验证明，添加 5.7% 含量的 Ca，便可去除 80% 的 P。Morita 等人[55]在详细研究了冶金法制备太阳能级晶体硅的原理后，提出了如图 3-40 过程 a 所示的太阳能级晶体硅的技术路线。为了降低制备太阳能级硅的能耗，Tanahashi[56]在等离子体熔炼前增加喷吹熔渣精炼原料的过程，用不同熔渣处理冶金级硅，试图以此步骤取代高能耗的等离子体熔炼过程。研究发现[57~60]，加入 CaO-CaF$_2$ 粉末可以将冶金级硅中的硼含量降低至 1×10^{-6} 左右，比起等离子体熔炼，不仅节能，而且省时。基于此，Tanahashi[56]将 Morita[55]制备太阳能级晶体硅流程中的添加 Ca 元素步骤改进为喷吹 CaO-CaF$_2$ 粉末的熔渣氧化过程，如图 3-40 过程 b 所示。其实，喷吹 CaO-CaF$_2$ 粉末在增大熔渣碱度的同时，还引入了大量 Ca。据报道，Ca 的添加能明显提高影响硅载流子寿命的杂质 Fe 和 Ti 元素的去除率。笔者认为，此步骤实质就是以 $CaO\text{-}CaF_2$ 为造渣剂的二元造渣精炼，将此作为杂质硼的预处理过程，可去除冶金级硅中的大部分硼杂质，大大缩短和降低了后续等离子体氧化精炼去除杂质硼的时耗和能耗。

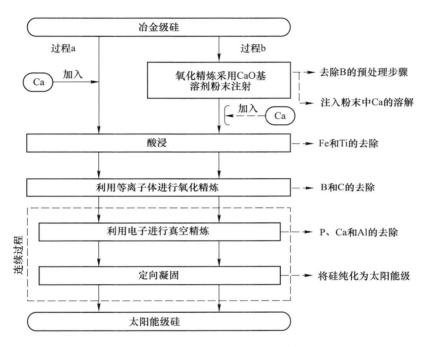

图 3-40　低成本冶金级硅生产太阳能级硅的总体制造工艺流程图

除了直接影响熔渣富集杂质能力的碱性氧化物外，SiO_2 作为此二元渣系中的唯一氧化剂，在去除杂质的过程中也起着重要的作用。日本专利[60]提出，SiO_2含量超过 45% 的 $CaO\text{-}SiO_2$ 二元渣对冶金级硅中杂质硼元素的去除效果明显，该研究小组利用 $65SiO_2\text{-}35CaO$ 熔渣将原料硅中的硼含量从 $7 \times 10^{-4}\%$ 降至 $1.6 \times 10^{-4}\%$。Teixeira 等人[61]将 $CaO\text{-}SiO_2$ 二元渣与冶金级硅以质量比为 6.7∶3.0 放入石墨坩埚，装入通氩气保护的电阻炉中，在 1823K 下造渣氧化精炼，结果如图 3-41 所示。可以看出，在 CaO/SiO_2 比值为 0.55 和 1.21 时，杂质硼的分配系数 L_B 最大，分别为 4.3 和 5.5。为了得到更好的杂质去除效果，Dietl[62]还尝试将 $CaO\text{-}SiO_2$ 二元渣预烧结成 $CaSiO_3$ 后再与冶金级硅（Ca 含量 $1.5 \times 10^{-2}\%$，Al 含量 $6.0 \times 10^{-2}\%$，B 含量 $1.8 \times 10^{-3}\%$）以质量比 1∶1 混合装入电弧炉，在 1923K 造渣精炼。结果表明，$CaSiO_3$ 渣精炼虽然将冶金级硅中的 Ca 含量增加至 $4.2 \times 10^{-2}\%$，但 Al 含量和 B 含量分别降低至 $4.0 \times 10^{-3}\%$ 和 $1 \times 10^{-4}\%$，杂质 Al 和 B 的去除效果十分明显。

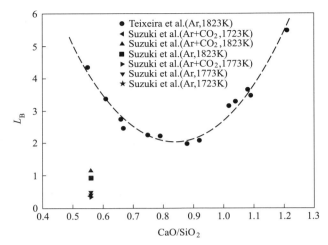

图 3-41　1823K 时不同成分 CaO/SiO_2 渣相与硅相间硼的分配系数

东京大学[61]和多伦多大学[63]对造渣精炼的研究发现，一定范围内，杂质硼的分配系数 L_B 随碱度增大而增大，随氧势增大而增大，但是到最大值之后又逐渐减小。Johnston 等人[64]就此提出，由于碱性氧化物 CaO、MgO 等与 SiO_2 有着很强的亲和性，过多的这类氧化物在提高熔渣碱度的同时也会降低 SiO_2 的活度，从而导致熔渣氧势的降低，不利于杂质的去除。

在 $CaO\text{-}SiO_2$ 二元渣氧化精炼冶金级硅过程中，碱度和氧势是两个相互影响，相互制约的因子。碱度决定了熔渣富集杂质（尤其是 B、P 等非金属杂质）的能力，而氧势直接关系着熔渣提供游离 [O] 的能力。熔渣的量一定，若提高熔渣碱度，CaO 含量增加，SiO_2 含量就相应减少，必然会导致氧势的降低；相反，若提高熔渣氧势则 SiO_2 含量增大，CaO 含量相应减少，就必然会导致熔渣碱度的降低。因此，需要大量的条件实验找到这两矛盾因素的平衡点，确定此二元渣系精炼冶金级硅的最佳条件。

3.3.3.6　$CaO\text{-}SiO_2\text{-}CaF_2$ 渣系

在目前许多研究中，$CaO\text{-}SiO_2\text{-}CaF_2$ 是最常见的三元渣系，冶金工业常用 CaF_2 作为助溶剂来降低熔渣熔点从而降低工业生产能耗。由 $CaO\text{-}SiO_2\text{-}CaF_2$ 三元熔点相图[65]可以发现，随着 CaF_2 含量的增加，渣系的熔点从 1773K 降至 1523K。王新国等人[66]研究 $CaO\text{-}SiO_2\text{-}Al_2O_3$ 渣系的结果也表明，往此三元系中加入 5% 左右的 CaF_2 便可使渣系黏度降低 60%，认为以 CaF_2 形式引入 F^- 会降低渣的黏度，明显改善渣的流动性。以上研究表明，一定范围内增大熔渣中 CaF_2 含量不仅可以有效降低渣的熔点，而且有利于渣-硅间充分反应和反应后渣-硅的分离，以达到较好的除杂效果。

造渣氧化精炼除杂效果虽很明显，但是很难通过一次造渣精炼将冶金级硅中杂质硼元素降低至太阳能级硅的要求（0.3×10^{-6}）。为了提高造渣精炼的杂质去除效率，国内外研究人员从热力学角度进行了研究，熔渣氧化硅熔体中杂质硼的化学反应方程式见式（3-39）。从式（3-39）得知，通过控制一定的氧化条件，使熔体硅中的硼充分反应是去除硼的关键之一。

$$B_{Si}(1) + \frac{3}{4}(SiO_2) \rule[0.5ex]{2em}{0.4pt} (BO_{1.5}) + \frac{3}{4}Si(1) \qquad (3\text{-}39)$$

用 Vant't Hoff 方程计算上述反应式的吉布斯自由能表达式：

$$\Delta_r G = \Delta_r G^{\ominus} + RT\ln\left(\frac{a_{[Si]}^{3/4} \cdot a_{(BO_{1.5})}}{a_{[Si]}^{3/4} \cdot a_{[B]}}\right) \qquad (3\text{-}40)$$

假设 K 为方程式（3-40）的反应常数，则：

$$K = \frac{a_{[Si]}^{3/4} \cdot a_{(BO_{1.5})}}{a_{[Si]}^{3/4} \cdot a_{[B]}} = \left(\frac{a_{[Si]}}{a_{(SiO_2)}}\right)^{3/4} \cdot \frac{\gamma_{(BO_{1.5})}}{\gamma_{[B]}} \cdot \frac{x_{(BO_{1.5})}}{x_{[B]}} \qquad (3\text{-}41)$$

硼元素在硅熔体中的含量很低，符合 Henry 定律，且此时硅的活度可以看作为 1，故式（3-41）可以简化成式（3-42）。由式（3-42）可知，$BO_{1.5}$ 的活度系数 $\gamma_{(BO_{1.5})}$ 的大小与硼的分离系数 L_B 是成反比的。

$$L_B = \frac{x_{(BO_{1.5})}}{x_{[B]}} = \frac{K \cdot \gamma_{[B]} \cdot a_{(SiO_2)}^{3/4}}{\gamma_{(BO_{1.5})}} \qquad (3\text{-}42)$$

研究硼元素在硅熔体中的热力学时，Noguchi 等人[67]发现，利用 30% CaO-SiO$_2$-CaF$_2$ 渣系造渣精炼冶金级硅，所得 $\gamma_{(BO_{1.5})}$ 与 CaO/SiO$_2$ 比值有关，估算结果如图 3-42 所示。当 CaO/SiO$_2$<2 时，随着 CaO/SiO$_2$ 的增大，$\gamma_{(BO_{1.5})}$ 不断减小；当

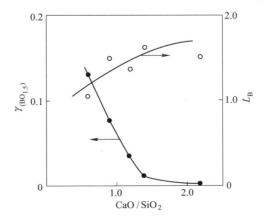

图 3-42 CaO-30%CaF$_2$-SiO$_2$ 熔融渣中 BO$_{1.5}$ 活度系数的估算值（1723K）

$CaO/SiO_2 \approx 2$ 时，$\gamma_{(BO_{1.5})}$ 达到最小值，接近零；当 $CaO/SiO_2 > 2$ 时，$\gamma_{(BO_{1.5})}$ 基本不受其影响。

完成详尽的理论研究之后，研究者进行了大量的实验验证。蔡靖等人[68]利用 CaO-SiO_2-$10\%CaF_2$ 渣系与冶金级硅混合在中频感应炉造渣精炼，所得 L_B 与碱度的关系如图 3-43 所示。从图 3-43 可以看出，当 $CaO/SiO_2 < 2$ 时，L_B 随着碱度（CaO/SiO_2）的增大而增大；当 $CaO/SiO_2 = 2$ 时，L_B 达到最大值 4.61；当 $CaO/SiO_2 > 2$ 时，L_B 随着碱度的增大而减小，符合 Noguchi[69]的估算规律，Suzuki 等人[70]实验所得结果也与此相同。

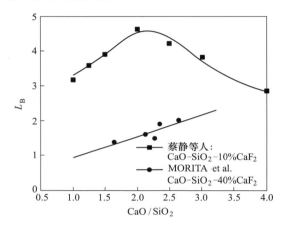

图 3-43　CaO-SiO_2-$10\%CaF_2$ 造渣精炼所得 L_B 与 CaO/SiO_2 的关系（1873K、渣硅比为 3、精炼 1h）

Teixeira 等人[71]对比研究了 CaO-SiO_2-$25\%CaF_2$ 渣系和 CaO-SiO_2-$40\%CaF_2$ 渣系造渣提纯冶金级硅的效果，将以上两种成分的三元渣分别与冶金级硅以质量比为 2.3∶1.0 在 1823K 下熔融造渣精炼 18h。式（3-43）为实验过程中发生的化学反应方程式。

$$2CaF_2(l) + SiO_2(l) = 2CaO(l) + SiF_4(g) \qquad (3\text{-}43)$$

根据上述反应，当 CaO/SiO_2 低时，CaF_2 会与 SiO_2 反应生成 CaO 而提高熔体碱度。因此，理论上，提高 CaF_2 含量可提高 L_B，但实验所得 L_B 不但未升高反而降低，这表明，当渣硅比确定后，过多 CaF_2 的存在降低了熔渣中实际有效成分 CaO 和 SiO_2 的浓度，尤其是氧化剂 SiO_2 浓度降低直接导致 L_B 的降低。

3.3.3.7　CaO-SiO_2-Al_2O_3 渣系

除 CaF_2 外，常见的中性助熔剂还有 Al_2O_3。由 1773K 时 CaO-SiO_2-Al_2O_3 渣系的黏度图[72]可以看出，将 Al_2O_3 引入 CaO-SiO_2 二元系可明显降低渣的黏度，改善熔体的流动性，有利于造渣精炼。除了黏度，影响精炼效果的另一重要因素即为密度。在 1823K 时 CaO-SiO$_2$-Al$_2$O$_3$ 渣系的等密度线[73]表明，熔渣的密度随着 SiO$_2$ 含量的减少而增大。由造渣氧化精炼原理可知，SiO$_2$ 作为氧化剂一直参与杂质氧化反应，含量逐渐减小，导致熔渣的密度不断增大。因此，为避免因反应后熔渣密度过大而在硅中形成夹杂，影响精炼结束后的渣-硅分离，精炼初渣应选取选择密度小的类型。

王新国等[74]利用普通钠钙硅酸盐（有效成分 CaO-SiO$_2$-Al$_2$O$_3$）与初始 Al、Ca 含量为 0.953%、0.902% 的冶金级硅以质量比为 0.24:1 的比例混合后装入感应炉，在 1823K 精炼 65min，底吹氩气时，Al、Ca 的杂质去除率可达 83.5% 和 96.4%，底吹空气时，Al、Ca 的杂质去除率也可达 93.1% 和 88.7%。除此之外，研究者发现 CaO-SiO$_2$-Al$_2$O$_3$ 渣对于硅中的杂质硼也有非常明显的去除效果。罗大伟等[75]利用 CaO/SiO$_2$ = 1.21 的 CaO-SiO$_2$、CaO-SiO$_2$-10% Al$_2$O$_3$、CaO-SiO$_2$-10%CaF$_2$、CaO-SiO$_2$-10%Na$_2$O 4 种渣 0.3kg 分别与 3kg 冶金级硅混合，装入通有氩气保护的真空感应熔炼炉中，在 1773K 下精炼 1h，得出的硼分离系数 L_B 如图 3-44 所示。由图 3-44 得知，与 Teixeira[71]实验结果相同，加入 CaF$_2$ 至 CaO-SiO$_2$ 二元渣后精炼所得 L_B 比 CaO-SiO$_2$ 二元渣所得 L_B 小，但加入 Na$_2$O 或 Al$_2$O$_3$ 后，L_B 明显增大，其中 CaO-SiO$_2$-Al$_2$O$_3$ 渣精炼所得 L_B 最大，已超过 4。实验结果表明，CaO-SiO$_2$-10%Al$_2$O$_3$ 渣混合冶金级硅在 1823K 下氧化精炼 2h，冶金级硅中 B 含量由原来的 15×10^{-6} 降至 2×10^{-6} 的同时，其余杂质如 Al、Ca 和 Mg 的去除率也分别达到 85.0%、50.2% 和 66.7%，因此，CaO-SiO$_2$-Al$_2$O$_3$ 被认为是去除效率最高的三元渣系。

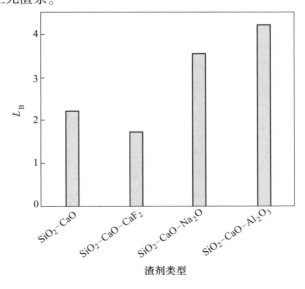

图 3-44 不同种类渣系得到的分配系数 L_B

3.3.3.8　CaO-SiO$_2$-Na$_2$O 渣系

通过理论计算，CaO-SiO$_2$-Na$_2$O 渣的除硼效果应强于 CaO-SiO$_2$ 渣。假设 Na$_2$O 与 B 可发生氧化还原反应，见式（3-44）。计算其吉布斯自由能（见式（3-45）），只要 $T > 852K$，反应即可发生，而且反应生成的 B$_2$O$_3$ 在碱性熔剂里非常稳定，易富集形成硼酸盐体系，有利于硅中杂质硼的去除。

$$2[B] + 3(Na_2O) \Longrightarrow 6[Na] + (B_2O_3) \tag{3-44}$$

$$\Delta G^{\ominus} = 549.15 - 0.6439T (kJ/mol) \tag{3-45}$$

在 1973K，蔡靖等人[76]将已预熔的 55%CaO-30%SiO$_2$-15%Na$_2$O 渣按一定的时间间隔加入至杂质硼含量为 10×10^{-6} 的熔融冶金级硅中，同时，以 18L/min 流速向熔体中通入 99.5%Ar+0.5%水蒸气，造渣吹气精炼 90min 后，硅中硼含量降至 0.23×10^{-6}，达到太阳能级硅的要求。Teixeira 等人[71]分别研究了 CaO-SiO$_2$、CaO-SiO$_2$-7%Na$_2$O 和 CaO-SiO$_2$-10%Na$_2$O 3 种不同渣的除硼效果，实验结果表明，向 CaO-SiO$_2$ 二元渣系添加 Na$_2$O 可明显增大 L_B，而且 L_B 是随着 Na$_2$O 含量的增加而增大的。

不仅如此，对于 Al 等杂质的去除，Na$_2$O 的效果更为明显。Weiss 等人[77]利用 Al、Ca 含量为 0.44% 和 0.09% 的冶金级硅与 Na$_2$O（15%）-SiO$_2$（85%）二元渣以质量比为 1∶2.5 混合放入塔曼炉，在 1723K 下精炼 1h 后，Al、Ca 含量分别降至 0.244% 和 0.002%，去除率分别为 45% 和 97%。

3.3.3.9　四元渣

Johnston[63]利用 CaO-SiO$_2$-35%Al$_2$O$_3$-3%MgO 渣系和 SiO$_2$-Al$_2$O$_3$-42%CaO-10%MgO 渣系分别与掺杂的冶金级硅以质量比为 7.5∶5.5 混合，放入通氩气保护的马弗炉中，在 1500℃熔融搅拌精炼，该实验得到不同碱度（CaO/SiO$_2$）渣氧化精炼所得杂质分离系数和不同氧势（SiO$_2$/Al$_2$O$_3$）渣氧化精炼所得杂质分离系数，分别如图 3-45 和图 3-46 所示。从图 3-45 可以看出，当熔体的碱度增大时，P 的分离系数明显增大，B 的分离系数逐渐增大至最大值 1.6 后缓慢降低，而 Fe 的分离系数一直维持在 0.1 左右，说明杂质 Fe 依然存在于 Si 中，碱度对 Fe 元素的去除无影响。图 3-46 表明，当熔体的氧势增大时，B 的分离系数缓慢增大，P 的分离系数迅速增大，而 Fe 的分离系数一直为零，不受影响。

据报道[78,79]，CaO-SiO$_2$-Al$_2$O$_3$ 三元渣所得 $L_{Bmax} = 1.1$，CaO-SiO$_2$-CaF$_2$ 三元渣所得 $L_{Bmax} = 1.7$，从图 3-45 得知，CaO-SiO$_2$-Al$_2$O$_3$-MgO 四元渣所得 $L_{Bmax} = 1.8$。这进一步验证了添加一定量的强碱性氧化物 MgO 和中性助溶剂 CaF$_2$ 有利于冶金级硅中杂质硼的去除。

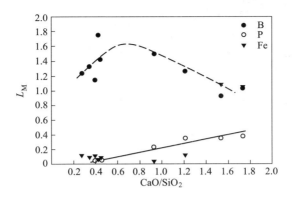

图 3-45 不同 CaO/SiO_2（$35\%Al_2O_3$-CaO-$3\%MgO$-SiO_2）渣系精炼
所得杂质在渣与硅间的分配系数

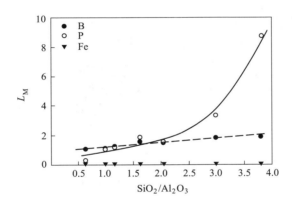

图 3-46 不同 SiO_2/Al_2O_3（Al_2O_3-$42\%CaO$-$10\%MgO$-SiO_2）渣系精炼
所得杂质在渣与硅间的分配系数

3.3.3.10 CaO-SiO_2-Li_2O 与 CaO-SiO_2-LiF 三元渣系

A 精炼渣成分的影响

a CaO-SiO_2-Li_2O 三元渣系

考察 CaO-SiO_2-Li_2O 三元渣中 Li_2O 成分含量对冶金级硅中杂质硼元素去除的影响，渣精炼冶金级硅实验条件与所用精炼渣成分见表 3-13，为尽量避免其他因素的影响，配料时将 CaO 与 SiO_2 质量比值固定为 45：55。

造渣氧化精炼完成后，所得样品如图 3-47 所示。从图 3-47 中可以看出，当 Li_2O 含量较低时，精炼后，渣主要分布在样品的底部，而当 Li_2O 含量较高时，精炼后，渣主要分布在硅的周围，硅与坩埚壁之间。

表 3-13　不同成分 CaO-SiO₂-Li₂O 三元渣造渣精炼冶金级硅实验条件

编号	反应精炼渣成分/%			精炼时间/h	渣硅比
	CaO	SiO₂	Li₂O		
1	44.55	54.45	1	2	1:1
2	44.1	53.9	2	2	1:1
3	42.75	52.25	5	2	1:1
4	40.5	49.5	10	2	1:1
5	36	44	20	2	1:1
6	27	33	40	2	1:1

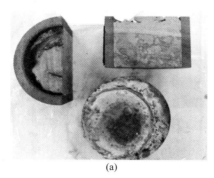

(a)　　　　　　　　　　　　　　　(b)

图 3-47　不同成分 CaO-SiO₂-Li₂O 三元渣造渣精炼所得样品

(a) 5%Li₂O；(b) 40%Li₂O

　　杂质硼在渣相与硅相中的分配系数 L_B 与 CaO-SiO₂-Li₂O 三元渣中 Li₂O 成分含量的关系如图 3-48 所示。可以看出，当 $w(Li_2O)<2\%$ 时，L_B 随着精炼渣中 Li₂O 含量的增加迅速增大；当 $w(Li_2O)=2\%$ 时，L_B 取得最大值 1.98；当 $w(Li_2O)>2\%$ 时，L_B 随着精炼渣中 Li₂O 含量的增加而减小，但即使是当 $w(Li_2O)=40\%$ 时所取得的 L_B 局部最小值 1.27，也比 $w(Li_2O)=0$ 时所得 $L_B=1.02$ 大，证明 Li₂O 的加入有利于硅中杂质硼的去除。

　　根据对 CaO-SiO₂ 二元渣造渣精炼去除冶金级硅中硼机理的探讨得知，熔渣氧势大有利于硅中杂质硼的氧化，而熔渣碱度大有利于精炼时硼氧化物在渣相中富集。CaO-SiO₂ 二元渣系中，碱度与氧势分别由精炼渣中 CaO 含量与 SiO₂ 含量表征，是影响冶金级硅中硼杂质去除的两个相互制约的因子，氧势大则碱度小，碱度大则氧势小。为了改善二元渣系的这一不足，尝试在 CaO-SiO₂ 二元渣系中加入密度小的锂系化合物，如 Li₂O 或 LiF。Li₂O 的密度远远小于 CaO，掺入少量 Li₂O 至 CaO-SiO₂ 二元渣系中，精炼渣中 SiO₂ 变化不大，从而对其氧势的影响也

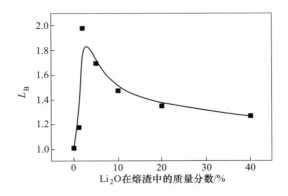

图 3-48 硼在渣和硅中的分配系数与 CaO-SiO_2-Li_2O 渣中成分的关系

不大，但却可以明显增大精炼渣的碱度。热力学分析易得，相比 SiO_2，Li_2O 优先与 B_2O_3 反应，并且 Li_2O 优先于 CaO 与 B_2O_3 反应。当 $w(Li_2O) < 2\%$ 时，精炼渣碱度随着 Li_2O 含量的增大迅速增大，熔体硅中的大部分 B_2O_3 被化学吸附至渣中，发生酸碱反应从而留在渣中，见式（3-46），因此，L_B 迅速增大。添加 2% 的 Li_2O 时，L_B 从 1.02 迅速增至 1.98，证明少量 Li_2O 的添加是对冶金级硅中杂质硼的去除是极为有利的。

$$2Li_2O + B_2O_3 \Longrightarrow Li_4B_2O_5 \tag{3-46}$$

但是，作为典型的碱性氧化物，Li_2O 和 CaO 都与渣中唯一氧化剂同时也是酸性氧化物的 SiO_2 有着很强的亲和性，含量过多的 Li_2O 或 CaO 虽能提高精炼渣的碱度，但是会大大降低精炼渣的氧势。这是因为，一方面精炼渣含量一定，Li_2O 和 CaO 含量增多，意味着 SiO_2 含量必然减少；另一方面 Li_2O 和 CaO 还会与 SiO_2 发生酸碱反应（见式（3-47）与式（3-48））。因此当 $w(Li_2O) > 2\%$ 时，L_B 随着精炼渣中 Li_2O 含量的增大而减小。

$$Li_2O + SiO_2 \Longrightarrow Li_2SiO_3 \tag{3-47}$$

$$CaO + SiO_2 \Longrightarrow CaSiO_3 \tag{3-48}$$

b CaO-SiO_2-LiF 三元渣系

考察 CaO-SiO_2-LiF 三元渣中 LiF 成分含量对冶金级硅中杂质硼元素去除的影响，渣精炼冶金级硅实验条件与所用精炼渣成分见表 3-14，为尽量避免其他因素的影响，配料时将 CaO 与 SiO_2 质量比值固定为 45:55。

表 3-14 不同成分 CaO-SiO_2-LiF 三元渣精炼冶金级硅实验条件

编号	反应精炼渣成分/%			精炼时间/h	渣硅比
	CaO	SiO₂	LiF		
1	44.55	54.45	1	2	1:1

编号	反应精炼渣成分/%			精炼时间/h	渣硅比
	CaO	SiO$_2$	LiF		
2	44.1	53.9	2	2	1:1
3	42.75	52.25	5	2	1:1
4	40.5	49.5	10	2	1:1
5	36	44	20	2	1:1
6	27	33	40	2	1:1

　　造渣氧化精炼完成后，所得样品如图 3-49 所示。因为精炼温度为 1823K，已达 LiF 沸点，部分 LiF 会以气态形式挥发至坩埚上部，从图 3-49 中也可以看出，CaO-SiO$_2$-LiF 三元渣造渣精炼后，渣主要在坩埚的顶部，坩埚盖的下部聚集。

(a)　　　　　　　　　　　　　(b)

图 3-49　不同成分 CaO-SiO$_2$-LiF 三元渣造渣精炼所得样品

(a) 5%LiF；(b) 40%LiF

　　杂质 B 元素在渣相与硅相的分配系数 L_B 与 CaO-SiO$_2$-LiF 三元渣中 LiF 成分含量的关系如图 3-50 所示。可以看出，当 $w(\mathrm{LiF})<5\%$ 时，L_B 随着精炼渣中 LiF 含量的增大迅速增大；当 $w(\mathrm{LiF})=5\%$ 时，L_B 取得最大值 2.77；当 $w(\mathrm{LiF})>5\%$ 时，L_B 随着精炼渣中 Li$_2$O 含量的增大而减小，但即使是当 $w(\mathrm{LiF})=40\%$ 时所取得的 L_B 局部最小值 1.23，也比 $w(\mathrm{Li_2O})=0$ 时所得 $L_B=1.02$ 大，证明 LiF 的加入有利于硅中杂质硼的去除。

　　比较图 3-48 和图 3-50 可以看出，CaO-SiO$_2$-LiF 三元渣精炼所得 L_B 最大值远远大于 CaO-SiO$_2$-Li$_2$O 三元渣所得。这是因为 LiF 不仅可以有效降低熔渣和硅的熔点和黏度，而且以 LiF 形式引入 F$^-$ 也可以像 CaF$_2$ 一样打断 SiO$_2$ 的网状结构，将 SiO$_2$ 中桥接的氧转化为自由的氧生成 Li$_2$O，从而增大熔渣的碱度，如式（3-49）所示，当 $w(\mathrm{LiF})<5\%$ 时，L_B 随着精炼渣中 LiF 含量的增大迅速增大。

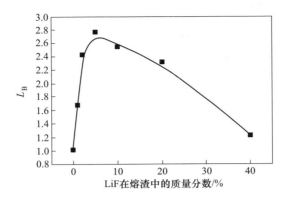

图 3-50 硼在渣和硅中的分配系数与 CaO-SiO$_2$-LiF 渣中成分的关系

添加 5%的 LiF，L_B 从 1.02 迅速增至 2.77，证明少量 LiF 的添加比 Li$_2$O 的添加更有利于对冶金级硅中杂质硼的去除。

$$4LiF + SiO_2 \rightleftharpoons 2Li_2O + SiF_4 \qquad (3-49)$$

CaO-SiO$_2$-LiF 三元渣中，LiF 含量过多会降低精炼渣中有效成分 CaO 与 SiO$_2$ 的含量，特别是渣中唯一氧化剂 SiO$_2$ 含量的降低不利于冶金级硅中杂质硼元素的氧化，因此，当 LiF 含量大于 5%后，L_B 不断减小。

B 渣硅质量比影响

a CaO-SiO$_2$-Li$_2$O 三元渣系

考察造渣精炼过程中，CaO-SiO$_2$-Li$_2$O 三元渣的渣硅质量比对冶金级硅中杂质硼元素去除的影响。造渣精炼冶金级硅实验条件与所用 CaO-SiO$_2$-Li$_2$O 三元渣与冶金级硅质量的比值见表 3-15。

表 3-15 不同 CaO-SiO$_2$-Li$_2$O 三元渣造渣精炼冶金级硅实验条件

编号	精 炼 渣	精炼温度/K	精炼时间/h	渣硅比
1	36%CaO-44%SiO$_2$-20%Li$_2$O	1823	2	1:2
2	36%CaO-44%SiO$_2$-20%Li$_2$O	1823	2	1:1
3	36%CaO-44%SiO$_2$-20%Li$_2$O	1823	2	2:1
4	36%CaO-44%SiO$_2$-20%Li$_2$O	1823	2	3:1
5	36%CaO-44%SiO$_2$-20%Li$_2$O	1823	2	4:1
6	36%CaO-44%SiO$_2$-20%Li$_2$O	1823	2	5:1

造渣氧化精炼完成后，所得样品如图 3-51 所示。从图 3-51 中可以看出，当 CaO-SiO$_2$-Li$_2$O 渣含量较少时，渣主要分布在硅内部与硅的周围，硅与坩埚壁之间，当渣含量较多时，硅完全被渣包围，而且渣主要分布在硅与坩埚壁之间。

(a)   (b)

图 3-51   不同渣硅比下 CaO-SiO$_2$-Li$_2$O 三元渣造渣精炼所得样品

(a) 渣硅比为 1 : 2；(b) 渣硅比为 4 : 1

为了更直观地反映出精炼除硼效果，实验结果使用精炼后硅中的杂质硼含量 $w_{[B]}$ 取代杂质硼的分配系数 L_B 作为分析对象。精炼完成后，硅相中的杂质硼含量 $w_{[B]}$ 与渣硅质量比（η）的关系如图 3-52 所示。可以看出，当 $\eta < 4$ 时，$w_{[B]}$ 随着 η 的增大而减小；当 $\eta = 4$ 时，$w_{[B]}$ 得到最小值 1.3×10^{-4}%；当 $\eta > 4$ 时，$w_{[B]}$ 不但未减小反而略微增大。

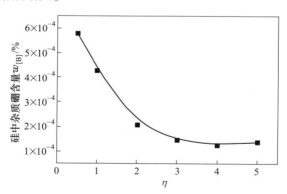

图 3-52   硅相中杂质硼含量与渣硅质量比关系

造渣精炼时精炼渣含量相对冶金级硅硅越多即渣硅质量比越大，除杂效果应越明显，但实验结果并非如此。理论上，精炼渣越多，氧化剂 SiO$_2$ 含量越多，杂质硼的氧化反应越完全，碱性氧化物如 Li$_2$O 或 CaO 含量越多，熔渣碱度越大，二者都有利于硅中杂质硼的去除。因此，使用 CaO-SiO$_2$-Li$_2$O 三元渣造渣精炼冶金级硅时，当 $\eta < 4$ 时，硅中杂质硼含量 $w_{[B]}$ 随着 η 的增大而减小；当 $\eta = 4$ 时，精炼渣与硅中杂质硼元素的反应已趋完全，此时硅中杂质硼含量 $w_{[B]}$ 得到最小值 1.3×10^{-4}%。

根据质量守恒定律：

$$m(\mathrm{Si}) \cdot w_{[\mathrm{B}]_{\mathrm{Si}}}^{0} + m(\text{渣}) \cdot w[\mathrm{B}]_{\mathrm{slag}}^{0} = m(\mathrm{Si}) \cdot w[\mathrm{B}]_{\mathrm{Si}} + m(\text{渣}) \cdot w[\mathrm{B}]_{\mathrm{slag}}$$

$$(3\text{-}50)$$

式中，$m(\mathrm{Si})$ 和 $m(\text{渣})$ 分别表示表示冶金级硅和精炼渣的质量；$w[\mathrm{B}]_{\mathrm{slag}}^{0}$ 和 $w_{[\mathrm{B}]_{\mathrm{Si}}}$ 分别表示精炼前即初始渣与冶金级硅中杂质硼的含量。

假设渣硅质量比（η）无限增大，得式（3-51）：

$$w(\mathrm{B})_{\mathrm{Si}} = \frac{w[\mathrm{B}]_{\mathrm{slag}}^{0} \cdot w[\mathrm{B}]_{\mathrm{Si}}}{w(\mathrm{B})_{\mathrm{slag}}} = \frac{w[\mathrm{B}]_{\mathrm{slag}}^{0}}{L_{\mathrm{B}}} \qquad (3\text{-}51)$$

由式（3-51）得，初始渣中的杂质硼含量是决定精炼后硅中硼含量的两个重要因素之一。因为组成精炼渣的化合物仅为分析纯，其中化合物中杂质硼含量难以控制，精炼渣中的杂质硼元素很有可能会污染硅，使其硼含量增大。所以，当 $\eta>4$ 时，$w_{[\mathrm{B}]_{\mathrm{Si}}}$ 不但未减小反而略微增大。

b　$CaO\text{-}SiO_2\text{-}LiF$ 三元渣系

考察造渣精炼过程中，$CaO\text{-}SiO_2\text{-}LiF$ 三元渣的渣硅质量比对冶金级硅中杂质硼元素去除的影响，造渣精炼冶金级硅实验条件与所用 $CaO\text{-}SiO_2\text{-}LiF$ 三元渣与冶金级硅质量的比值见表 3-16。

表 3-16　不同质量 $CaO\text{-}SiO_2\text{-}LiF$ 三元渣造渣精炼冶金级硅实验条件

编号	精　炼　渣	精炼温度/K	精炼时间/h	渣硅比
1	36%CaO-44%SiO₂-20%LiF	1823	2	1 : 2
2	36%CaO-44%SiO₂-20%LiF	1823	2	1 : 1
3	36%CaO-44%SiO₂-20%LiF	1823	2	2 : 1
4	36%CaO-44%SiO₂-20%LiF	1823	2	3 : 1
5	36%CaO-44%SiO₂-20%LiF	1823	2	4 : 1
6	36%CaO-44%SiO₂-20%LiF	1823	2	5 : 1

造渣氧化精炼完成后，所得样品如图 3-53 所示。可以看出，当 $CaO\text{-}SiO_2\text{-}LiF$ 渣含量较少时，渣主要分布在硅相下部，当渣含量较多时，由于渣量的挥发，所得样品的质量大大减少，而且渣分布在硅内部，没有严格的区别界限。

精炼完成后，硅相中的杂质硼含量 $w_{[\mathrm{B}]_{\mathrm{Si}}}$ 与渣硅质量比（η）的关系如图 3-54所示。可以看出，当 $\eta<4$ 时，$w_{[\mathrm{B}]_{\mathrm{Si}}}$ 随着 η 的增大而减小；当 $\eta=4$ 时，$w_{[\mathrm{B}]_{\mathrm{Si}}}$ 得到最小值 $1.9\times10^{-4}\%$；当 $\eta>4$ 时，$w_{[\mathrm{B}]_{\mathrm{Si}}}$ 也开始略微增大。

在 $CaO\text{-}SiO_2\text{-}LiF$ 三元渣造渣氧化精炼除去冶金级硅中硼杂质过程中，LiF 主要还是转换成 Li_2O 再起作用，因此 $CaO\text{-}SiO_2\text{-}LiF$ 三元精炼渣质量与精炼后硅相

(a)　　　　　　　　　　　　　　　　　　(b)

图 3-53　不同质量 CaO-SiO_2-LiF 三元渣造渣精炼所得样品

（a）$m(渣)$: $m(Si)$ = 1 : 2；（b）$m(渣)$: $m(Si)$ = 4 : 1

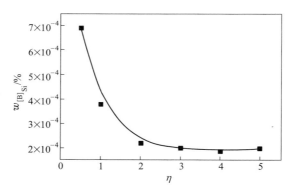

图 3-54　硅相中杂质硼含量与渣硅质量比关系

中杂质硼含量的关系与 CaO-SiO_2-Li_2O 三元精炼渣所得变化趋势一致。实际上，造渣氧化精炼硅中其他杂质的含量，如 P、Fe、Al、Ca 也是如此。由此可知，造渣精炼除杂受初渣中杂质含量的影响，过量的熔渣很容易引入新的杂质，而且造渣精炼除杂不适合于低成本的工业生产。

C　保温时间影响

a　CaO-SiO_2-Li_2O 三元渣系

考察 CaO-SiO_2-Li_2O 三元渣造渣氧化精炼冶金级硅过程中，延长或者缩短保温时间对冶金级硅中杂质硼去除的影响，其实验条件见表 3-17。

造渣氧化精炼完成后，所得样品如图 3-55 所示。可以看出，随着保温时间的延长，CaO-SiO_2-Li_2O 三元渣的渣从原来的硅上部转移至硅的周围和硅与坩埚壁之间，表明精炼时间的延长增大了渣与硅的接触面积。

表 3-17 CaO-SiO$_2$-Li$_2$O 三元渣不同保温时间造渣精炼冶金级硅实验条件

编号	精 炼 渣	精炼温度/K	渣硅比	保温时间/h
1	36%CaO-44%SiO$_2$-20%Li$_2$O	1823	1:1	0.5
2	36%CaO-44%SiO$_2$-20%Li$_2$O	1823	1:1	1
3	36%CaO-44%SiO$_2$-20%Li$_2$O	1823	1:1	2
4	36%CaO-44%SiO$_2$-20%Li$_2$O	1823	1:1	3
5	36%CaO-44%SiO$_2$-20%Li$_2$O	1823	1:1	4

(a)   (b)

图 3-55 CaO-SiO$_2$-Li$_2$O 三元渣不同精炼时间造渣精炼所得样品

(a) 0.5h; (b) 4h

精炼完成后, 硅相中的杂质硼含量 $w_{[B]_{Si}}$ 与保温时间 (t) 的关系如图 3-56 所示。可以看出, 当 $t<3h$ 时, $w_{[B]_{Si}}$ 随着时间的增大迅速减小; 当 $t>3h$ 时, $w_{[B]_{Si}}$ 只是略微减小, 甚至可以看作不变。

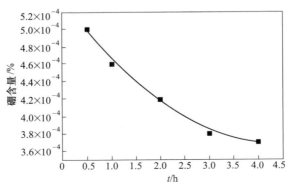

图 3-56 CaO-SiO$_2$-Li$_2$O 渣造渣精炼保温时间与精炼后硅相中硼含量的关系

从动力学角度来看，保温时间越长，精炼渣与熔体硅接触时间越长，杂质硼的氧化反应进行得越彻底，熔体硅 B_2O_3 含量增多，被碱性渣化学吸附后，形成更多的 $Li_4B_2O_5$ 或者 CaB_2O_4 存在于渣中，所得样品硅中杂质硼含量就会降低，因此，当 $t<3h$ 时，$w_{[B]_{Si}}$ 随着时间的增大迅速减小。当精炼渣的含量一定，$t>3h$ 时，渣中唯一的氧化剂 SiO_2 反应已趋完全，精炼所得硅样品中硼含量也不再明显降低。

b　$CaO\text{-}SiO_2\text{-}LiF$ 三元渣系

考察 $CaO\text{-}SiO_2\text{-}LiF$ 三元渣造渣氧化精炼冶金级硅过程中，延长或者缩短保温时间对冶金级硅中杂质硼去除的影响，其实验条件见表 3-18。

表 3-18　$CaO\text{-}SiO_2\text{-}LiF$ 三元渣不同保温时间造渣精炼冶金级硅实验条件

编号	精　炼　渣	精炼温度/K	渣硅比	精炼时间/h
1	36%CaO-44%SiO_2-20%LiF	1823	1∶1	0.5
2	36%CaO-44%SiO_2-20%LiF	1823	1∶1	1
3	36%CaO-44%SiO_2-20%LiF	1823	1∶1	2
4	36%CaO-44%SiO_2-20%LiF	1823	1∶1	3
5	36%CaO-44%SiO_2-20%LiF	1823	1∶1	4

造渣氧化精炼完成后，所得样品如图 3-57 所示。LiF 可以改善渣与熔体的黏度，因此精炼时，$CaO\text{-}SiO_2\text{-}LiF$ 渣与熔体硅的接触面积比 $CaO\text{-}SiO_2\text{-}Li_2O$ 渣大，从图 3-57 中也可以看出，使用 $CaO\text{-}SiO_2\text{-}LiF$ 渣造渣精炼时，0.5h 的保温时间，渣相分布已与 $CaO\text{-}SiO_2\text{-}Li_2O$ 渣精炼 4h 效果相同。随着保温时间的延长，$CaO\text{-}SiO_2\text{-}LiF$ 精炼渣的渣相从原来的硅相与坩埚壁之间转移至坩埚顶部石墨盖下部，表明保温时间的延长增大了 $CaO\text{-}SiO_2\text{-}LiF$ 精炼渣渣相的挥发量。

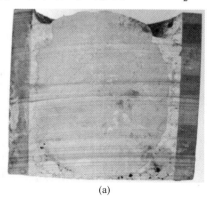

(a)　　　　　　　　　　　　(b)

图 3-57　$CaO\text{-}SiO_2\text{-}LiF$ 三元渣不同保温时间造渣精炼所得样品

(a) 0.5h；(b) 4h

精炼完成后，硅相中的杂质硼含量 $w_{[B]_{Si}}$ 与保温时间（t）的关系如图 3-58 所示。可以看出，当 $t<3h$ 时，$w_{[B]_{Si}}$ 随着时间的增加迅速减小；当 $3h< t<4h$ 时，$w_{[B]_{Si}}$ 只是略微减小，甚至可以看作不变。

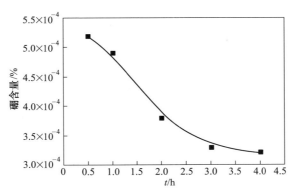

图 3-58　$CaO\text{-}SiO_2\text{-}LiF$ 渣造渣精炼保温时间与精炼后硅相中硼含量的关系

比较图 3-56 与图 3-58 可以看出，与 $CaO\text{-}SiO_2\text{-}Li_2O$ 三元渣精炼一样，$CaO\text{-}SiO_2\text{-}LiF$ 三元渣精炼所得硅中杂质 B 的含量减小的速率随着保温时间的延长越来越小。从生产角度来看，即使延长精炼时间可以获得太阳能电池对于杂质硼含量要求的硅，过高的能耗也决定了这种除硼方法在工业化大规模生产上的局限性。

3.3.3.11　$CaO\text{-}K_2CO_3\text{-}SiO_2$ 三元渣除硼

选取 $CaO\text{-}K_2CO_3\text{-}SiO_2$ 三元造渣剂对冶金级硅进行造渣精炼实验研究。将 CaO、K_2CO_3、SiO_2 按照一定的质量百分比配成造渣剂，最后将造渣剂与冶金级硅按一定质量比混合，在感应炉中进行造渣精炼实验研究，考察不同的精炼时间、渣硅比和熔渣成分对造渣精炼除硼效果的影响。

A　精炼渣组成对除硼效果的影响

在不同精炼时间条件下，考察不同含量 K_2CO_3 的熔渣对造渣精炼冶金级硅除硼效果的影响。精炼时间分别为 $1\sim3h$，精炼温度为 1823K，渣硅比为 1:1，实验条件及结果见表 3-19 和图 3-59~图 3-61 所示。

表 3-19　不同渣型精炼实验条件

渣型	熔渣组成/%			精炼温度/K	渣硅比
	CaO	SiO_2	K_2CO_3		
A	47.5	47.5	5	1823	1:1

续表 3-19

渣型	熔渣组成/%			精炼温度/K	渣硅比
	CaO	SiO$_2$	K$_2$CO$_3$		
B	45	45	10	1823	1:1
C	42.5	42.5	15	1823	1:1
D	40	40	20	1823	1:1

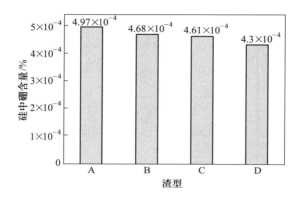

图 3-59　精炼 1h 不同渣型的硅中硼含量

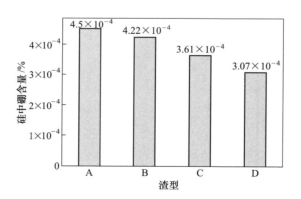

图 3-60　精炼 2h 不同渣型的硅中硼含量

由图 3-59~图 3-61 可看出，在使用 CaO-K$_2$CO$_3$-SiO$_2$ 三元渣进行的熔渣氧化精炼冶金级硅除硼的过程中，随着渣剂中 K$_2$CO$_3$ 含量的增加，造渣精炼除硼效果有所改善。当 CaO-SiO$_2$ 基三元渣中 K$_2$CO$_3$ 含量分别为 5%、10%、15% 和 20% 时，经 3h 精炼后，硅中的硼含量分别可由原来的 22×10^{-4}% 降低到 4.10×10^{-4}%、3.87×10^{-4}%、2.68×10^{-4}% 和 2.56×10^{-4}%。这一现象说明，向 CaO-SiO$_2$ 基熔渣中加入 K$_2$CO$_3$ 对造渣精炼除硼是有利的，随着熔渣中 K$_2$CO$_3$ 含量的增加，熔渣

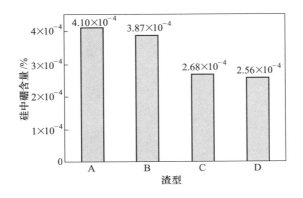

图 3-61 精炼 3h 不同渣型的硅中硼含量

除硼能力逐渐增加。然而，硅中硼含量并不是简单的随着渣中 K_2CO_3 含量的增加而减小，由硅中硼含量的趋势图（见图 3-62）可以明显地看到，虽然精炼后冶金级硅中的硼含量随着熔渣中 K_2CO_3 含量增加在减小，但是当熔渣中 K_2CO_3 含量超过 15% 时，精炼后冶金级硅中的硼含量降低速率减小甚至趋于平缓，特别是在精炼 3h 后，硅中的硼含量已经基本不变。根据造渣精炼冶金级硅除硼研究可知，熔渣的氧势与光学碱度对造渣精炼冶金级硅除硼共同起作用，熔渣氧势中提供自由氧（O）的 SiO_2 含量越高，熔渣氧势越大，那么硅熔体中的单质硼 [B] 就越容易被氧化形成 B_2O_3 进入熔渣；而 B_2O_3 属于酸性的氧化物，熔渣碱度越高，B_2O_3 就会越容易经过化学吸附作用进入熔渣中。然而，对于 CaO-SiO_2 基熔渣来说，增大碱度必然会降低熔渣中 SiO_2 的浓度，那么熔渣中（O）就会降低，这样就不利于硅熔体中单质硼被氧化；若提高熔渣的氧势，则会使熔渣碱度降低，这样就会影响 B_2O_3 顺利进入熔渣。因此，若向 CaO/SiO_2 一定的 CaO-SiO_2 二元渣系中加入少量的 K_2CO_3，一方面对熔渣中自由氧的活性影响不大，另一方面，由于 K_2CO_3 在高温下会发生部分分解，形成的气体对精炼熔体具有一定的搅动作用，此外，分解产生的 K_2O 具有较高的碱度，这样在对熔渣氧势影响不大的情况下增加熔渣碱度，就能大幅度的提高造渣精炼冶金级硅的效果。然而，当熔渣中加入大量的 K_2CO_3 后，熔渣氧势会降低，导致熔渣氧化能力降低，在氧化精炼初期，除硼速率就不会很高，随着精炼时间的延长，熔渣中 K_2CO_3 发生分解形成碱性氧化物，增强了熔渣的除硼能力，然后除硼速率逐渐增加，但是，随着精炼时间的推移，硅中杂质硼逐渐减少，熔渣中杂质硼逐渐增多，渣硅间硼含量逐渐达到平衡，最终除硼速率趋于零。此外，向熔渣中加入一定量 K_2CO_3 会降低熔渣的熔点与黏度，熔渣流动性能有了较大的改善，促进了造渣精炼除硼过程的进行。由此来看，熔渣中加入一定量的 K_2CO_3 对冶金级硅中硼的去除是有利的。

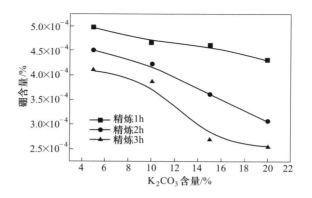

图 3-62　渣中 K_2CO_3 含量与硅中硼含量关系

B　不同精炼时间对除硼效果的影响

通过对冶金级硅不同时间的造渣精炼实验，考察不同精炼时间对冶金级硅造渣精炼除硼效果的影响。实验所用的渣硅比都为 1∶1，渣中 CaO 与 SiO_2 的质量之比固定为 1∶1，精炼时间为 30~240min 不等，渣中 K_2CO_3 质量分数为 5%~20%，所有实验在 1823K 下进行。实验条件及结果见表 3-20。

表 3-20　CaO-K_2CO_3-SiO_2 三元渣造渣精炼实验结果

序号	熔渣组成/%			精炼时间 /min	硅中硼含量/%
	CaO	SiO_2	K_2CO_3		
1	40	40	20	30	$5.35×10^{-4}$
2	40	40	20	60	$5.29×10^{-4}$
3	40	40	20	90	$4.65×10^{-4}$
4	40	40	20	120	$3.07×10^{-4}$
5	40	40	20	180	$2.56×10^{-4}$
6	40	40	20	240	$1.8×10^{-4}$
7	42.5	42.5	15	30	$4.8×10^{-4}$
8	42.5	42.5	15	60	$4.61×10^{-4}$
9	42.5	42.5	15	90	$4.02×10^{-4}$
10	42.5	42.5	15	120	$3.61×10^{-4}$
11	42.5	42.5	15	180	$2.68×10^{-4}$
12	42.5	42.5	15	240	$2.0×10^{-4}$
13	45	45	10	30	$4.89×10^{-4}$
14	45	45	10	60	$4.68×10^{-4}$

序号	熔渣组成/%			精炼时间 /min	硅中硼含量/%
	CaO	SiO$_2$	K$_2$CO$_3$		
15	45	45	10	90	4.44×10^{-4}
16	45	45	10	120	4.22×10^{-4}
17	45	45	10	180	3.87×10^{-4}
18	45	45	10	240	3.6×10^{-4}
19	47.5	47.5	5	30	5.1×10^{-4}
20	47.5	47.5	5	60	4.97×10^{-4}
21	47.5	47.5	5	90	4.7×10^{-4}
22	47.5	47.5	5	120	4.50×10^{-4}
23	47.5	47.5	5	180	4.10×10^{-4}
24	47.5	47.5	5	240	3.9×10^{-4}

造渣精炼完成后，所得样品截面如图 3-63（精炼 60min）和图 3-64（精炼 180min）所示。可以看出，截面主要分为 3 个部分，即聚集形态的固体硅、聚集形态的渣以及硅与渣的过渡体（渣硅分离界面）。硅与渣无法完全分离，只有部分硅与渣分离良好，而渣在整个固体中形状分布稍显散乱。硅与渣的过渡体是介于硅相和渣相之间的中间相，该相中硅与渣并未良好分离，而是形成硅中有渣，渣中有硅的中间过渡相。此过渡相的形成有两方面的原因：一方面，由于熔渣与硅熔体的密度相差不大，在电磁力搅动作用下，部分渣硅发生分离，而中间就形成了具有过渡形态的渣硅混合相；另一方面，本实验是在电磁感应炉中进行的，当炉子断电后，电磁感应炉中的温度会迅速降低到渣硅的熔点以下，此时渣硅迅速冷却，导致利用渣硅重力差而进行的渣硅分离过程进行得不彻底。

图 3-63　45%CaO-10%K$_2$CO$_3$-45%SiO$_2$ 保温 60min 样品图

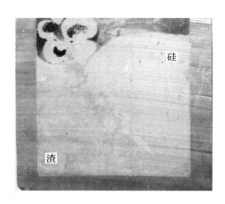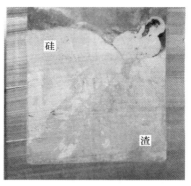

图 3-64   45%CaO-10%K_2CO_3-45%SiO_2 保温 180min 样品图

虽然精炼完成之后，冷却的坩埚内渣硅分离不是很好，但是从中也可以发现一些规律，精炼 1h 后，精炼后熔渣出现在坩埚底部，精炼 3h 后，熔渣出现在了坩埚侧面，这说明随着精炼时间的延长，熔渣由坩埚底部逐渐向坩埚顶部流动，这一现象主要是因为熔渣与坩埚以及硅熔体与坩埚体之间存在着较大的黏滞力，当精炼时间较短时，感应炉的搅拌作用力还不能达到改变黏滞力的强度，因此，在坩埚内的渣硅不能充分分离，熔点较小的熔渣就会存在于坩埚底部，随着精炼时间的增加，渣中的物质组成发生改变，在强大的电磁搅动作用下，熔渣与硅熔体克服了黏滞阻力而发生流动。密度相对大的硅熔体向坩埚底部流动，密度相对小的熔渣向坩埚上部流动。

用表 3-20 的实验数据分别作 CaO-K_2CO_3-SiO_2 三元熔渣不同精炼时间对硅中硼含量关系图，如图 3-65 所示。可以明显地看出，对于同组成的熔渣来说，随着造渣精炼时间的延长，精炼后硅中的硼含量在逐渐降低。然而，值得注意的是，当采用 40%CaO-20%K_2CO_3-40%SiO_2 熔渣精炼冶金级硅时，在精炼刚开始的除硼速率要小于其他渣系的，然而随着精炼时间的增加，精炼速率逐渐增加，在 2h 处接近 42.5%CaO-15%K_2CO_3-42.5%SiO_2 熔渣精炼得到的精炼速率，但是，经 4h 精炼后，硅中的硼含量最终由原来的 22×10^{-4}% 降低到 1.8×10^{-4}%。发生这一现象的主要原因是，在精炼初期，熔渣中的 K_2CO_3 含量较高，熔渣中氧势就会有所降低，随着精炼时间的延长，熔渣中 K_2CO_3 逐渐分解，熔渣碱度急剧增高，促进了造渣精炼除硼的进行。

从热力学角度来看：（1）随着精炼时间的延长，熔渣与硅熔体接触时间就会增加，杂质硼氧化反应进行的时间就越充足，反应就越彻底，那么就会有更多的 B_2O_3 形成，渣中的碱性氧化物就能够吸收更多的 B_2O_3 而形成复合硼酸盐，这样熔渣中 B_2O_3 的浓度就会迅速降低，而形成的复合硼酸盐化合物浓度就会急剧增加，使得熔渣中由氧化硼转化为复合硼酸盐的反应达到平衡，最终导致杂质

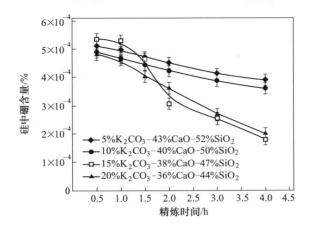

图 3-65 精炼时间与硅中硼含量关系

硼在熔渣中的传质效率降低；（2）当精炼时间超过 3h 后，熔渣中 SiO_2 含量降低，这样就会导致熔渣的氧势降低，最终使得硼的氧化反应进行缓慢甚至停止。从动力学角度看，一方面随着反应时间的进行，熔渣中 K_2CO_3 含量减小，那么不管是否分解，K_2CO_3 与 B_2O_3 反应形成的 CO_2 气体都会减少，这样就会降低对熔渣的搅动作用，使得除硼速率降低；（3）在不断延长反应时间的同时，渣硅反应界面分别靠近熔渣与硅熔体中的硼浓度在不断变化，靠近硅熔体附近的硼浓度在逐渐降低，靠近渣附近的硼浓度在不断升高，最终熔体硅、渣硅界面和熔渣中的硼浓度达到平衡，此时依靠杂质硼浓度梯度作为推动力的传质过程停止，最终导致了整个除硼冶金反应速率的降低甚至停止。

C 渣硅比对除硼效果的影响

本节研究了精炼时间为 2h，精炼温度 1823K 下，40% CaO-20% K_2CO_3-40% SiO_2 熔渣氧化精炼冶金级过程中不同渣硅比对除硼效果的影响，结果如图 3-66 所示。

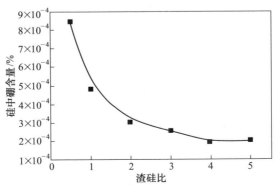

图 3-66 不同渣硅比与精炼后冶金级硅中硼含量关系

　　从图 3-66 可以看出，当精炼完成后，硅中硼含量随着渣硅比的增加逐渐降低，渣硅比为 4 时硅中硼含量达到了最小的 $1.91 \times 10^{-4}\%$，渣硅比值超过 4 后硅中硼含量不但未减小，反而会有略微的升高。

　　导致这一变化规律主要有两方面因素，一方面杂质硼在熔渣中的容量是有限的，增大了造渣剂与冶金级硅的质量之比，对于冶金级硅中有限的硼量来说，增大熔渣量就增加了熔渣吸收冶金级硅中杂质硼的量，然而，随着熔渣量的增加，冶金级硅中杂质硼含量逐渐减小，当硅中杂质硼含量减小到一定程度后，杂质硼在硅中的动力学因素就会使得杂质硼去除很难。另一方面，造渣精炼过程中，熔渣中各个组分采用的是分析纯的化合物，虽然硼含量很低，但在较大的渣硅比下，熔渣中硼的总量就会增加，给冶金级硅带来污染，因此，硅中硼含量会有略微的抬高。

　　D　CaO-K$_2$CO$_3$-SiO$_2$ 渣中硼存在形式

　　在采用 K$_2$CO$_3$-CaO-SiO$_2$ 渣系精炼冶金级硅除硼过程中，熔渣中可能发生的化学反应如下[51,52]：

$$K_2CO_3(l) \Longrightarrow K_2O(s) + CO_2(g) \quad \Delta G^{\ominus} = 277260 - 49.88T(J/mol) \tag{3-52}$$

$$K_2O(s) + 2B_2O_3(l) \Longrightarrow K_2O \cdot 2B_2O_3(l) \quad \Delta G^{\ominus} = -523000 + 128.03T(J/mol) \tag{3-53}$$

$$K_2O + 3B_2O_3(l) \Longrightarrow K_2O \cdot 3B_2O_3 \quad \Delta G^{\ominus} = -594100 + 189.95T(J/mol) \tag{3-54}$$

$$K_2O(s) + 4B_2O_3(l) \Longrightarrow K_2O \cdot 4B_2O_3(l) \quad \Delta G^{\ominus} = -673600 + 249.37T(J/mol) \tag{3-55}$$

$$3CaO(l) + B_2O_3(l) \Longrightarrow 3CaO \cdot B_2O_3(l) \quad \Delta G^{\ominus} = -129700 - 54.57T(J/mol) \tag{3-56}$$

　　分别联合式（3-52）~式（3-56）可以得到：

$$K_2CO_3(l) + 2B_2O_3(l) \Longrightarrow K_2O \cdot 2B_2O_3(l) + CO_2(g)$$

$$\Delta G^{\ominus} = -141540 - 17.62T(J/mol) \tag{3-57}$$

$$K_2CO_3(l) + 3B_2O_3(l) \Longrightarrow K_2O \cdot 3B_2O_3(l) + CO_2(g)$$

$$\Delta G^{\ominus} = -316840 + 140.07T(J/mol) \tag{3-58}$$

$$K_2CO_3(l) + 4B_2O_3(l) \Longrightarrow K_2O \cdot 4B_2O_3(l) + CO_2(g)$$

$$\Delta G^{\ominus} = -396340 + 199.49T(J/mol) \tag{3-59}$$

　　根据 Teixeira 等人的研究可以发现，冶金级硅中的除硼过程可以表示为：

$$3SiO_2(l) + 4B(s) = 2B_2O_3(l) + 3Si(l)$$
$$\Delta G^{\ominus} = 307620 - 137.65T(J/mol) \quad (3-60)$$

将式（3-60）分别与式（3-57）～式（3-59）联立可以得到造渣精炼冶金级硅除硼过程中可能发生的化学：

$$K_2CO_3 + 3SiO_2 + 4B = K_2O \cdot 2B_2O_3(s) + 3Si + CO_2(g) \quad (3-61)$$
$$\Delta G^{\ominus} = 166080 - 155.27T(J/mol)$$

$$2K_2CO_3 + 9SiO_2 + 12B = 2K_2O \cdot 3B_2O_3(s) + 9Si + 2CO_2(g) \quad (3-62)$$
$$\Delta G^{\ominus} = -19840 + 4.84T(J/mol)$$

$$K_2CO_3 + 6SiO_2 + 8B = K_2O \cdot 4B_2O_3(s) + 6Si + CO_2(g)$$
$$\Delta G^{\ominus} = 218900 - 75.81T(J/mol) \quad (3-63)$$

$$3SiO_2(l) + 6CaO(l) + 4B(s) = 3Si(l) + 2(3CaO \cdot B_2O_3(l))$$
$$\Delta G^{\ominus} = 48220 - 246.79T(J/mol) \quad (3-64)$$

从以上的反应过程分析可以发现，造渣精炼形成的 B_2O_3 应该是以硼酸盐的形式进入熔渣。因此，可以采用向 $CaO\text{-}SiO_2\text{-}K_2CO_3$ 三元渣精炼剂中加入一定量的 B_2O_3，提高渣中 B_2O_3 含量，达到 XRD 的检测极限，进而模拟研究造渣精炼冶金级硅后熔渣中硼的存在形式及走向。图 3-67 所示为熔渣中各物相的 XRD 图。

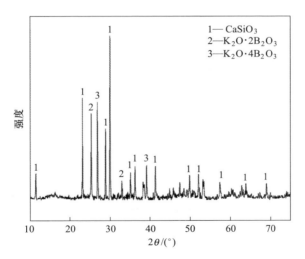

图 3-67　熔渣中各物相的 XRD 图

从 XRD 的检测结果可以发现，在熔渣中并未出现 $3CaO \cdot B_2O_3$ 和 $K_2O \cdot 3B_2O_3$ 形式的复合硼酸盐，只发现了 $K_2O \cdot 2B_2O_3$ 和 $K_2O \cdot 4B_2O_3$ 形式的复合硼酸钾盐。由此可以推断，在模拟实验条件下，熔渣中发生的化学反应只有式（3-57）和式（3-59）。此外，从式（3-56）和式（3-63）中可以发现，在标准状况下化学式（3-61）能发生的最低温度为 1068K，此温度正好处于造渣精炼冶金级硅除硼的温度范围之内，而式（3-63）在标准状况下发生的最低温度高达 2887K，该温度超出了造渣精炼冶金级硅除硼的温度将近 1000K。因此可以推断图 3-67 中出现的 $K_2O \cdot 4B_2O_3$ 物相很可能是通过式（3-59）得到的，因为，标准状况下，在造渣精炼冶金级硅除硼的精炼温度（1823K）下，式（3-59）就能够顺利进行。

图 3-68 所示为造渣精炼过程中各物相之间发生化学反应的标准吉布斯自由能图。从图中可以明显看到，随着实验温度的升高，$3CaO \cdot B_2O_3$、$K_2O \cdot 2B_2O_3$ 和 $K_2O \cdot 4B_2O_3$ 标准生成吉布斯自由能在逐渐降低。在 1823K 的实验条件下，熔渣中的 K_2CO_3 与单质硼被 SiO_2 氧化得到的 B_2O_3 的反应分别形成 $K_2O \cdot 2B_2O_3$ 和 $K_2O \cdot 4B_2O_3$ 的标准吉布斯自由能值比 CaO 与硼的氧化物 B_2O_3 反应形成 $3CaO \cdot B_2O_3$ 都要低，也就是说，在 1823K 下，熔渣氧化精炼形成的 B_2O_3 更加容易与 K_2CO_3 发生（见式（3-61））化学反应而形成 $K_2O \cdot 2B_2O_3$ 的复杂化含钾复合硼酸盐。然而，由 K_2CO_3 与 SiO_2 和 B 发生氧化反应得到 B_2O_3 的化学反应的标准生成自由能在 1823K 时在 0 线以上，因此式（3-63）在本实验条件下不会发生。由此推断，含 K_2CO_3 熔渣精炼冶金级硅除 B 后，杂质 B 以 $K_2O \cdot 2B_2O_3$ 的形式进入熔渣。

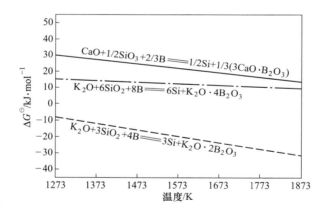

图 3-68　$CaO \cdot B_2O_3$、$K_2O \cdot 2B_2O_3$ 和 $K_2O \cdot 4B_2O_3$ 标准生成吉布斯自由能与温度的关系

3.3.3.12　$FeCl_3(MgCl_2)$-SiO_2 熔盐与熔渣除硼实验

$FeCl_3$、$MgCl_2$ 和 $CaCl_2$ 纯氯化物熔盐除硼的实验结果显示，$FeCl_3$ 的除硼效果明显比 $MgCl_2$ 和 $CaCl_2$ 要好，但硅中硼含量只能降低至 $3.1 \times 10^{-4}\%$。添加氯化物熔盐是为了使硅中的硼生成气态可挥发的 BCl_y，而添加 SiO_2 熔渣是为了使硼生成硼酸盐并进入渣中而除去，两种除硼方式在反应机理上是有区别的。因此结

合第5章熔渣精炼除硼中 SiO_2 对硼的氧化行为，本实验将 SiO_2 添加至氯化物熔盐之中，研究熔盐与熔渣混合时对冶金级硅中杂质硼的去除效果，选取 $FeCl_3$ 和 $MgCl_2$ 与 SiO_2 混合后进行熔盐与熔渣混合体系除硼实验。

在 $FeCl_3$ 和 $MgCl_2$ 中配入氧化物 SiO_2，进行熔盐与熔渣的混合精炼除硼实验，得到的实验样品如图3-69所示。

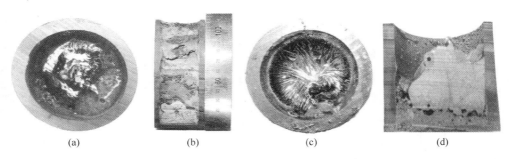

(a)　　　　　　(b)　　　　　　(c)　　　　　　(d)

图 3-69　$FeCl_3$-SiO_2（a）、（b）和 $MgCl_2$-SiO_2（c）、（d）混合体系精炼除硼的实验样品

从图3-69来看，利用 $FeCl_3$-SiO_2 混合熔盐和熔渣进行精炼后的渣相表面呈现出明显的黄褐色（见图3-69深灰色部分），这是由于生成铁氧化物的原因，利用 $MgCl_2$-SiO_2 混合体系进行精炼时，样品颜色与纯氯化物 $MgCl_2$ 外观一致，从样品的纵截面来看，硅相与熔盐及熔渣相之间存有较大的空隙，这在图3-69（b）中特别明显，这是由于硅、熔盐和熔渣迅速熔化后，坩埚中粉末物料间的空气在快速升温过程中迅速膨胀而不能顺利排出，导致样品物料间出现空隙的结果。

在感应炉中，研究熔盐与熔渣混合体系中 $FeCl_3$ 和 $MgCl_2$ 与 SiO_2 的组成对冶金级硅中杂质硼去除的影响，实验过程坩埚内熔体温度为 1600~1700℃。研究 15% $FeCl_3$-85% SiO_2、35% $FeCl_3$-65% SiO_2、55% $FeCl_3$-45% SiO_2、75% $FeCl_3$-25% SiO_2 以及 30% $MgCl_2$-70% SiO_2、50% $MgCl_2$-50% SiO_2、70% $MgCl_2$-30% SiO_2 混合体系去除冶金级硅中杂质元素硼的效果，混合体系与硅的配比为 1:1；精炼时间为 2h，得到的实验结果如图3-70和图3-71所示。

从图3-70和图3-71的实验效果来看，冶金级硅中杂质元素硼的去除效果随熔盐与熔渣混合体系中 $FeCl_3$ 和 $MgCl_2$ 含量的增加而提高，由于纯氧化物 SiO_2 的除硼效果很差，这在第4章中已经通过实验得到证明，因此向氯化物熔盐中添加纯氧化物 SiO_2 并不能改善除硼效果。

为了证实熔盐与冶金级硅的反应过程，分别对 $FeCl_3$、$FeCl_3$-SiO_2 和 $MgCl_2$-SiO_2 体系精炼后的渣样进行物相分析，X 射线衍射仪分析过程中选用的靶材为 Co，结果如图3-72所示。

通过图3-72可以发现，利用 $FeCl_3$、$FeCl_3$-SiO_2 和 $MgCl_2$-SiO_2 体系精炼后的

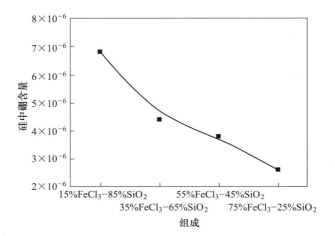

图 3-70 $FeCl_3$-SiO_2 组成对除硼效果的影响

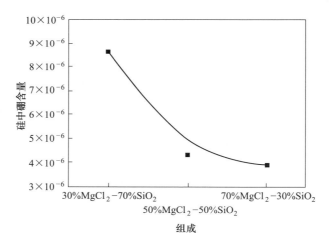

图 3-71 $MgCl_2$-SiO_2 组成对除硼效果的影响

渣样中均含有 Si 和 SiC，由于金属硅中 SiC 的量很少，因此推测 SiC 由石墨坩埚引入 C 生成所致。$FeCl_3$-SiO_2 精炼后的渣中出现了较多的 $FeSi_2$ 金属间化合物相，而冶金级硅的 XRD 分析中并没有发现，因此可推测为 $FeCl_3$ 被还原成 Fe 后再与 Si 形成 $FeSi_2$ 金属间化合物造成；而 $MgCl_2$-SiO_2 精炼后的渣中并没有出现含 Mg 的物相，可能是由于 $MgCl_2$ 被还原为金属 Mg 后呈气态从渣中挥发或 $MgCl_2$ 直接分解为 Mg 蒸气和氯气挥发所致。

总的说来，根据氯化物熔盐除硼实验结果和渣样物相分析可以得到，采用 $CuCl_2$、$FeCl_3$、$MgCl_2$、NaCl、$CaCl_2$ 和 $AlCl_3$ 等氯化物熔盐去除冶金级硅中的杂

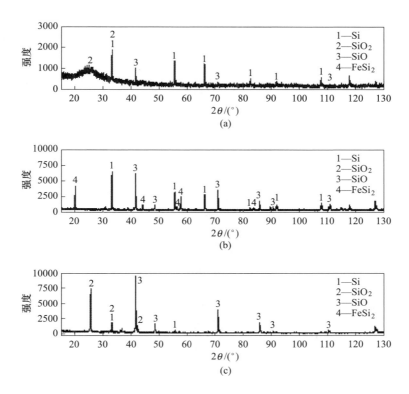

图 3-72 $FeCl_3(MgCl_2)$-SiO_2 精炼后渣样 XRD 图谱

(a) $FeCl_3$-SiO_2; (b) $FeCl_3$; (c) $MgCl_2$-SiO_2

质元素硼是可行的，同时，实验和分析结果也很好的证明了热力学分析过程的正确性和合理性，但采用氯化物熔盐仍不能将冶金级硅中的硼含量降低至冶金法太阳能级硅对硼含量的要求。

3.3.4 杂质在硅液中的扩散

3.3.4.1 硅液中硼的扩散系数的测定

本实验是在气氛炉中进行的。首先，准备 50g 的工业硅粉和 3~5g 硼粉；然后，在压片机中，压力为 15MPa 下，将硼含量为 95% 的硼粉压制成厚度为 5mm、直径为 20mm 的薄片。考虑到硼的密度远小于硅熔体的密度，并且采用的工业硅粉由熔融状态到凝固后体积会有所膨胀，因此，先将 30g 工业硅硅粉装入半径为 40mm、高度为 60mm 的高纯石墨坩埚中，并将工业硅粉压实，保证上表面铺平；然后，将压片机压好的硼片放在平整的硅粉表面，最后在硼片上面覆盖 10~20g 的工业硅粉；最后，将装好工业硅粉和硼片的高纯石墨坩埚水平放入气氛炉加热，封好炉口，开启氩气通气装置排尽炉中的空气，以防止坩埚及硅熔体被氧化。通气约 10min 后开启气氛炉电源，设置升温程序，开始加热，前 30min 升温速率约为 10K/min，当温度升到 573K 后，升温速率提高到约 15K/min，大约 90min 后温度达到 1823K，在此温度下保温 180min 后关闭气氛炉电源，让实验原料在气氛炉中自然冷却。将冷却后的坩埚从气氛炉中取出，将坩埚在切割机上纵向切开得到实验样品，最后在样品中距 B-Si 界面每 3mm 处采用 GD-MS 或者 ICP-AES 测定硼含量，实验过程如图 3-73 所示。

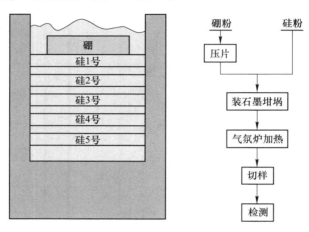

图 3-73　实验方法及流程

从图 3-74 可以看出，在 1823K 下，熔体硅与硼之间存在明显的 B-Si 固液界面。

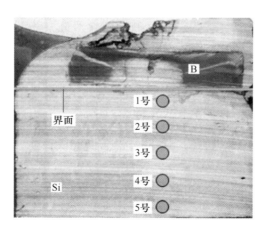

图 3-74　扩散实验所得样品

　　以该样品固液界面为初始位置，分别距 B-Si 界面 3mm、6mm、9mm、12mm、15mm 进行切割取样，经检测各点硼含量后得到的结果如图 3-75 所示，研究发现，随着取样点到 B-Si 界面距离的增加，硅中的硼浓度是逐渐降低的，而且呈非线性变化趋势，因此可以认为，单质硼在硅熔体中的扩散为非稳态扩散。

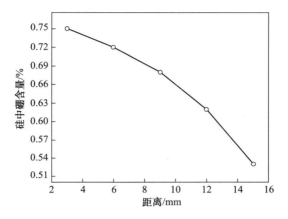

图 3-75　硅中硼含量与界面距离的关系

　　高温下，固态硼原子在液态硅溶液中具有一定的溶解度，因此在靠近 B-Si 固液界面处就会存在硼原子达饱和状态的硅溶液，这部分硼原子与远离 B-Si 界面的硅溶液具有一定的浓度梯度。根据菲克定律，浓度梯度是扩散传质的动力，因此硅溶液中的硼会在浓度梯度的作用下从硼含量较高的 B-Si 界面向硼含量较低的硅液中扩散，直到整个硅液中的硼达到饱和状态，如图 3-76 所示。

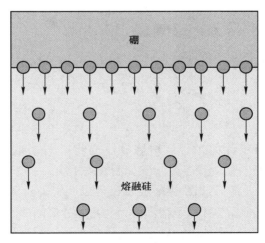

图 3-76　硅液中硼的扩散过程

硅液中硼的扩散速率可由菲克第二定律表示，通过以下推导可求得单质硼在

硅熔体中 X_i 处的扩散系数为：

$$D_{X_i} = \left(\frac{X_i}{2z}\right)^2 \cdot \frac{1}{\tau} \qquad (3\text{-}65)$$

$$\varphi(z) = \left(\frac{2}{\sqrt{\pi}}\right) \int_0^x \exp(-\mu^2)\,\mathrm{d}\mu$$

根据 B-Si 二元相图计算可以得，在 1823K 温度下硼在硅液中达到饱和状态时的含量为 7.4%。该实验中采用的是高浓度的压缩硼片，因此硼片与硅液之间的硼浓度差很大，可认为在很短时间内 B-Si 界面上的硼就达到了饱和，因此在 1823K 时以硼饱和的硅液中硼的质量分数作为 B-Si 界面的初始浓度，据此，根据图 3-73 所示的取样距离下的硼浓度可以计算出不同取样距离下硅中硼的扩散系数，见表 3-21，通过取平均值可以求得 1823K 下，熔体硅中硼的扩散系数为 $D = 2.3 \times 10^{-10}\,\mathrm{m^2/s}$。

表 3-21　扩散系数实验结果

编号	X_i/mm	硼含量/%	$D_{X_i}/\mathrm{m^2 \cdot s^{-1}}$	$D/\mathrm{m^2 \cdot s^{-1}}$
硅 1 号	3	0.75	2.57×10^{-10}	
硅 2 号	6	0.72	2.17×10^{-10}	
硅 3 号	9	0.68	2.36×10^{-10}	2.3×10^{-10}
硅 4 号	12	0.62	2.46×10^{-10}	
硅 5 号	15	0.53	1.93×10^{-10}	

3.3.4.2　硅液中硼传质系数的测定

以 $22 \times 10^{-4}\%$ 的金属硅为原料，50%CaO-50%SiO$_2$ 造渣剂为精炼剂，渣硅比为 1:1，精炼温度为 1823K。先将 20g 金属硅装入到内径为 40mm、高度为 50mm 的高纯石墨坩埚内压实，然后将配好的 20g 精炼渣覆盖于坩埚内的金属硅上，最后将装好料的坩埚置于气氛炉加热区内，在 1823K 下分别精炼 30min、60min、120min、180min 并通氩气保护。待精炼完成后将硅与渣取出用 ICP-AES 或者 ICP-MS 进行检测分析，实验设备及步骤如图 3-77 所示。

实验后所得精炼硅样品如图 3-78 所示，可以明显地看到精炼渣与金属硅之间存在明显的渣硅界面，并且由于精炼渣与和金属硅之间的密度差以及熔渣与坩埚壁之间的黏度比金属硅熔体大，以至于熔渣处于硅液的下部。在凝固的金属硅上边可以发现有一层厚度大约为 0.5~1mm 的致密氧化层，这里的氧化层应该是 SiC 和 SiO$_2$ 的混合物。

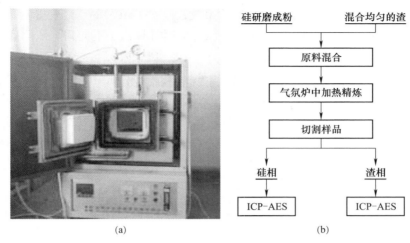

(a)　　　　　　　　　　(b)

图 3-77　实验设备（a）及流程（b）

(a)　　　　　　　　　　　　(b)

图 3-78　50%SiO$_2$-50%CaO 二元渣精炼金属硅 0.5h 实验样品

由对流传质的边界层理论，可导出以下关系：

$$\ln \frac{w_{[B]} - w_{[B]_e}}{w_{[B]}^0 - w_{[B]_e}} = -\beta_m \times \frac{\rho_m A}{m_m} \times t \qquad (3\text{-}66)$$

式中，$w_{[B]}$、$w_{[B]}^0$、$w_{[B]_e}$ 分别为 t 时刻硅中硼的质量分数、$t=0$ 时刻硅中硼的质量分数以及反应达平衡状态时硅中硼的质量分数。

令

$$X = \frac{w_{[B]} - w_{[B]_e}}{w_{[B]}^0 - w_{[B]_e}}; \quad Y = \frac{m_m}{\rho_m A}$$

则得到以下关系：

$$Y \ln X = \beta_m t \qquad (3\text{-}67)$$

因此，由实验可测得各精炼时间条件下，硅中硼含量 $w_{[B]}$，然后以 $Y \ln X$ 对时间 t 作图，可由直线斜率求出传质系数 β_m。得出 50%CaO-50%SiO$_2$ 精炼金属硅达到平衡态下硅中硼含量为 2.6×10^{-6}。利用表 3-22 中的实验数据以 $Y \ln X$ 对时间 t 作图进行线性拟合后所得到的直线斜率即为硼单质在熔体硅中的传质系数，可以看出，杂质硼在液态金属硅中的传质系数 $\beta_m = 1.7\times10^{-4}$ m/s，该实验结果与国外研究人员得到的结果处于同一个数量级，同时计算出了不同精炼渣除硼实验得到的传质系数 β，如图 3-79 所示。

表 3-22   硼在硅液中的传质系数

精炼时间/min	硅中硼含量/%	传质系数/m·s^{-1}
0	22×10^{-4}	
30	14.8×10^{-4}	
60	9.5×10^{-4}	1.7×10^{-4}
120	7.4×10^{-4}	
180	6.2×10^{-4}	

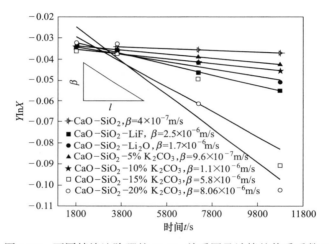

图 3-79   不同精炼渣除硼的 $Y\ln X\text{-}t$ 关系图及计算的传质系数 β

通过对比杂质硼在熔渣中和硅液中的传质系数可以发现，采用 50%SiO$_2$-50%CaO 渣精炼金属硅的过程中，硼在熔渣中的传质系数远小于在硅液中的传质系数，相差 3 个数量级之多。由此，我们可以推断在用 50%SiO$_2$-50%CaO 熔渣以及含锂和含钾的 SiO$_2$-CaO 基熔渣精炼金属硅的过程中，杂质硼在熔渣中的传质过程为整个造渣精炼除硼过程的限制性环节。

3.3.5   杂质在渣剂中的扩散传质

3.3.5.1   毛细管-熔池法实验测定扩散系数

A   液-液相扩散方程的建立

利用毛细管扩散原理可以有效降低对流对于扩散的影响，以 B$_2$O$_3$ 的浓度梯度作为推动力,自下而上在毛细管内进行扩散,符合本实验条件的扩散方程有以下两种。

(1) 扩散方程一:在半无限大介质中的非稳态扩散。B_2O_3 在 $CaSiO_3$ 熔渣中的扩散是非稳态扩散,遵循菲克第二扩散定律,属于在半无限大介质中的非稳态扩散。如果扩散介质足够长,扩散从介质的一段开始,在扩散时间范围内,扩散介质另一端的浓度保持不变,则这样的扩散就可以看作是在半无限大介质中的扩散。例如在钢表面渗碳就属于这种扩散。对于这种扩散体系,可以认为扩散距离 x 的取值范围是 $[0, \infty]$,扩散从 $x = 0$ 的一段开始,另一端为 $x = \infty$。当时间 $t = 0$ 时,扩散组元 A 在介质中的浓度为 c_0。当 $t > 0$ 时,扩散组元 A 在介质表面 $x = 0$ 的浓度保持为 c_i。如果扩散仅为一维扩散,那么相应的扩散过程可以表示为下面的定解问题:

$$\frac{\partial c}{\partial t} = D \frac{\partial^2 c}{\partial x^2} \tag{3-68}$$

该方程的初始条件和边界条件分别为:

$$t = 0, \quad c(x, 0) = c_0 \tag{3-69}$$

$$t > 0, \quad c(0, t) = c_i, \ c(\infty, t) = c_0 \tag{3-70}$$

解得:

$$\frac{c - c_i}{c_0 - c_i} = \frac{2}{\sqrt{\pi}} \int_0^{x/(2\sqrt{Dt})} \exp^{-\mu^2} \mathrm{d}\mu \tag{3-71}$$

式 (3-71) 的右边称为误差函数,记为 $\mathrm{erf}(x) = \frac{2}{\sqrt{\pi}} \int_0^x \exp(-\mu^2) \mathrm{d}\mu$。为了使用方便把式 (3-71) 的右边用余误差函数表示,则有:

$$\frac{c - c_i}{c_0 - c_i} = \mathrm{erf}\left(\frac{x}{2\sqrt{Dt}}\right) \tag{3-72}$$

其中误差函数可以查表获得。

(2) 扩散方程二:在半无限试样中物质扩散的菲克第二定律。液态的 B_2O_3 将会沿着石墨毛细管从液态的扩散源熔渣 $CaO\text{-}SiO_2\text{-}B_2O_3$ 中向液态的待测熔渣 $CaO\text{-}SiO_2$ 中扩散。两种熔渣界面处 B 浓度高,待测熔渣一侧 B 浓度低,这种浓度梯度将使 B_2O_3 沿着毛细管自下而上扩散。在整个扩散过程中浓度随时间和距离改变,属于非稳态扩散。

$$\frac{\partial c}{\partial t} = D \frac{\partial^2 c}{\partial x^2} \tag{3-73}$$

其初始条件和边界条件为:

$$c(x, 0) = \frac{g}{S} \delta(x) \tag{3-74}$$

$$\frac{\partial c(0, t)}{\partial x} = 0 \tag{3-75}$$

式中，g 为扩散物质的总量；S 为试样截面积；$\delta(x)$ 是当 $x_0 = 0$ 时的狄拉克 δ 函数。其函数性质如下：

$$\delta(x - x_0) = \begin{cases} 0, & x \neq x_0 \\ +\infty, & x = x_0 \end{cases} \tag{3-76}$$

$$\int_{-\infty}^{+\infty} \delta(x - x_0) \mathrm{d}x = 1 \tag{3-77}$$

在上述初始条件式（3-74）、式（3-75）下积分菲克第二定律方程式（3-73），积分解为：

$$c(x, t) = \left[g/(S\sqrt{\pi Dt}) \right] \exp(-x^2/4Dt) \tag{3-78}$$

两边取对数得：

$$\lg c(x, t) = \lg \frac{g}{S\sqrt{\pi Dt}} - \frac{x^2}{2.3 \times 4Dt} \tag{3-79}$$

将实验数据按坐标系 $\lg c$-x^2 作图，利用所得直线斜率 k 可以求出扩散系数 D 为：

$$D = \frac{1}{9.2kt} \tag{3-80}$$

B　扩散系数计算

本实验是在 1723K 温度下，以质量分数 50%[37%CaO-63%SiO$_2$]-50%B$_2$O$_3$ 为扩散源，以质量分数 37%CaO-63%SiO$_2$ 为待扩散熔渣，石墨毛细管孔径为 4mm，在真空管式炉中扩散 30min 后，经淬火处理得到实验样品。再用金刚石线切割机每隔 2mm 切出薄片，取出扩散后的硅酸钙熔渣，在玛瑙研钵中磨粉后经 ICP-AES 检测硼元素含量。

图 3-80 所示为单个毛细管扩散后样品与扩散界面的示意图。由图中可以看到位于毛细管下方的是扩散源 CaO-SiO$_2$-B$_2$O$_3$，在实验过程中以 B$_2$O$_3$ 浓度梯度作为推动力，从接触界面开始自下而上进行扩散。由于毛细管的直径很小，为了方便取样进行 ICP-AES 检测，选择从扩散界面处开始每隔 2mm 为一个样品点。图 3-80 中 1 号样品是一个厚度为 2mm 的薄片，以该薄片的平均硼含量浓度作为扩散位置 1 处的浓度。以 1 号样品的中间位置作为扩散距离，即经过 30min 扩散以后 1 号样品扩散距离为 1mm。以此类推可以得到 2~5 号样品的扩散距离分别为 3mm、5mm、7mm 和 9mm。然后通过 ICP-AES 检测出不同扩散距离处样品中的硼含量如图 3-81 所示。

由图 3-81 可以看到扩散后硅酸钙熔渣中硼含量随着扩散距离的增加呈非线性下降，这说明 B$_2$O$_3$ 的扩散为非稳态扩散，需要利用菲克第二定律来求解计算

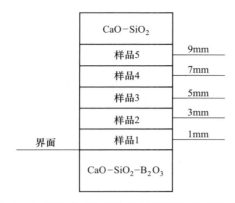

图 3-80 单个毛细管扩散后样品与扩散界面的示意图 (2mm 间隔)

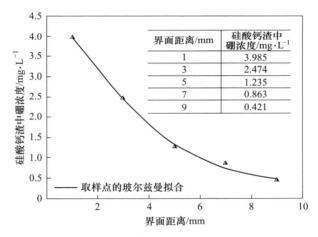

界面距离/mm	硅酸钙渣中硼浓度/mg·L⁻¹
1	3.985
3	2.474
5	1.235
7	0.863
9	0.421

图 3-81 扩散后样品中硼含量与扩散距离的关系 (2mm 间隔)

B_2O_3 在质量分数为 37%CaO-63%SiO$_2$ 熔渣中的扩散系数。下面将分别利用三种扩散方程来计算图 3-81 中的扩散系数。

a 计算方法一

这种计算方法需要准确确定出界面浓度 c_i 值，进而代入公式计算。由于按照比例 50%[37%CaO-63%SiO$_2$]-50%B$_2$O$_3$ 分别准确称量 CaO 3.33g、SiO$_2$5.67g 和 B$_2$O$_3$ 9g 后混合均匀，因此认为 B$_2$O$_3$ 在扩散源熔渣中是均匀的，并根据以下计算来确定界面浓度 c_i 值。

首先计算 B 在 B$_2$O$_3$ 中的质量分数:

$$w_{(B)} = \frac{M_B \times 2}{M_B \times 2 + M_O \times 3} \tag{3-81}$$

式中，$w_{(B)}$ 为硼在 B$_2$O$_3$ 中的质量分数; M_B 为硼的相对原子质量; M_O 为氧的相对原子质量。

　　然后计算硼在 $50\%[37\%CaO\text{-}63\%SiO_2]\text{-}50\%B_2O_3$ 渣系中的质量分数：

$$w'_{[B]} = \frac{w_{[B]} \times m_{B_2O_3}}{m_{B_2O_3} + m_{CaO} + m_{SiO_2}} \tag{3-82}$$

式中，$w'_{[B]}$ 为硼在 $50\%[37\%CaO\text{-}63\%SiO_2]\text{-}50\%B_2O_3$ 渣中的质量分数；$m_{B_2O_3}$ 为扩散源熔渣中 B_2O_3 的质量；m_{CaO} 为扩散源熔渣中 CaO 的质量；m_{SiO_2} 扩散源熔渣中 SiO_2 的质量。

　　根据式（3-81）和式（3-82）可以计算出硼在整个扩散源熔渣中的质量分数，实验过程中称取 0.1g 样品并定容至 100mL，因此可以计算出硼的浓度并以此作为扩散界面浓度 c_i 值。然后再根据扩散距离和相应的硼浓度，结合误差函数表计算出此条件下 B_2O_3 在 $37\%CaO\text{-}63\%SiO_2$ 渣中的扩散系数，见表3-23。

表3-23　B_2O_3 在 $37\%CaO\text{-}63\%SiO_2$ 中扩散后样品中硼浓度和扩散系数（$c_i = 155mg/L$）

序号	硼含量/mg·L^{-1}	扩散距离/mm	扩散系数 /m^2·s^{-1}	平均扩散系数 /m^2·s^{-1}
1	3.985	1	0.762×10^{-10}	
2	2.474	3	5.56×10^{-10}	
3	1.235	5	12.1×10^{-10}	13.84×10^{-10}
4	0.863	7	21.2×10^{-10}	
5	0.421	9	29.6×10^{-10}	

　　由表3-23可以看到扩散系数随着扩散距离的增大而增大，而且出现了量级的变化。一般地，在同一种介质内扩散系数应为恒定值，并在误差允许的范围内不随扩散距离的改变而改变。分析原因可能是界面浓度与实际值有偏差，需要重新确定界面浓度值。

　　为了测定界面浓度 c_i 值，取毛细管口处一薄片进行 ICP-AES 检测硼元素浓度，结合误差函数表计算出此条件下 B_2O_3 在 $37\%CaO\text{-}63\%SiO_2$ 渣中的扩散系数，见表3-24。可以看出在同一种介质中，B_2O_3 扩散系数仍然有着明显增大的变化。

表3-24　B_2O_3 在 $37\%CaO\text{-}63\%SiO_2$ 渣中扩散后样品中硼元素浓度和扩散系数（$c_i = 14.5mg/L$）

序号	硼含量/mg·L^{-1}	扩散距离/mm	扩散系数 /m^2·s^{-1}	平均扩散系数 /m^2·s^{-1}
1	3.985	1	1.05×10^{-9}	
2	2.474	3	2.87×10^{-9}	
3	1.235	5	3.85×10^{-9}	3.912×10^{-9}
4	0.863	7	5.62×10^{-9}	
5	0.421	9	6.17×10^{-9}	

b 计算方法二

扩散组元 A 在介质中的浓度为 c_0，因为扩散介质在 37%CaO-63%SiO$_2$ 熔渣中硼元素含量极低，可以认为 $c_0 = 0$。当 $t > 0$ 时，扩散组元 A 在介质表面 $x = 0$ 的浓度保持为 c_i，即界面浓度为 14.5mg/L。将以上数值结合误差函数表计算出此条件下 B$_2$O$_3$ 在 37%CaO-63%SiO$_2$ 渣中的扩散系数，见表 3-25。

表 3-25 B$_2$O$_3$ 在 37%CaO-63%SiO$_2$ 渣中扩散后样品的硼元素浓度和扩散系数 （$c_i = 14.5$mg/L）

序号	B 含量/mg·L^{-1}	扩散距离/mm	扩散系数 /m^2·s^{-1}	平均扩散系数 /m^2·s^{-1}
1	3.985	1	0.24×10^{-9}	
2	2.474	3	1.38×10^{-9}	
3	1.235	5	2.41×10^{-9}	2.488×10^{-9}
4	0.863	7	3.73×10^{-9}	
5	0.421	9	4.68×10^{-9}	

表 3-25 中 B$_2$O$_3$ 的扩散系数仍然变化较大，随着扩散距离的增加而逐渐增大。这与同一种介质中扩散组元的扩散系数应为恒定相矛盾。因此认为，扩散方程一和扩散方程二均不适应于 B$_2$O$_3$ 在 37%CaO-63%SiO$_2$ 渣系中扩散系数的计算。

c 计算方法三

根据式（3-79），作图 $\lg c(x, t)$-x^2，如图 3-82 所示。可以得到线性拟合后的斜率，并结合式（3-80）计算出 B$_2$O$_3$ 在 37%CaO-63%SiO$_2$ 渣中的扩散系数见表 3-26。

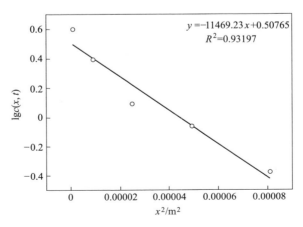

图 3-82 实验数据的线性拟合结果（2mm 间隔）

表 3-26 B_2O_3 在 37%CaO-63%SiO$_2$ 渣中扩散后样品中硼元素浓度和扩散系数

序号	硼含量/mg·L^{-1}	扩散距离 x_i/mm	x_i^2/m^2	扩散系数/m^2·s^{-1}
1	3.985	1	1.0×10^{-6}	
2	2.474	3	9.0×10^{-6}	
3	1.235	5	2.5×10^{-5}	5.265×10^{-9}
4	0.863	7	4.9×10^{-5}	
5	0.421	9	8.1×10^{-5}	

在实验误差允许范围内，B_2O_3 在同一种硅酸钙渣中的扩散系数变化相对较小。通过计算可以知道，在 1723K 下保温扩散 30min，得到 B_2O_3 在 37%CaO-63%SiO$_2$ 渣中的扩散系数为 5.265×10^{-9} m^2/s，这与日本东京大学 Morita 课题组计算的硼在 CaO-SiO$_2$-CaCl$_2$ 三元熔渣中扩散系数 8.46×10^{-9} m^2/s 在同一个数量级上。这比硼在硅液中的扩散系数 1.46×10^{-8} m^2/s 要小，这一点符合造渣精炼除硼过程中硼氧化物在向熔渣一侧传质为限制性环节的共识。

改变 B_2O_3 在扩散源熔渣中的质量分数进行实验，在 1723K 温度下，以质量分数 90%[37%CaO-63%SiO$_2$]-10%B$_2$O$_3$ 为扩散源，以质量分数 37%CaO-63%SiO$_2$ 为待扩散熔渣，石墨毛细管孔径为 6mm，在真空管式炉中扩散 30min 后，经淬火处理得到实验样品。再用金刚石线切割机每隔 3mm 切出薄片，取出扩散后的硅酸钙熔渣，在玛瑙研钵中磨粉后用 ICP-AES 检测硼元素含量。图 3-83 所示为单个毛细管扩散后样品与扩散界面的示意图，取样时从扩散界面处开始每隔 3mm 切片处理。

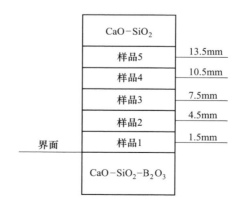

图 3-83 单个毛细管扩散后样品与
扩散界面的示意图（3mm 间隔）

本次实验一方面改变了 B_2O_3 的添加量，另一方面增大了取样的薄片厚度。每隔 3mm 取一个样可以增多用于 ICP-AES 检测的量，因为采用 2mm 的石墨毛细管片子厚度太薄不利用分析检测。扩散后的实验结果如图 3-84 所示。

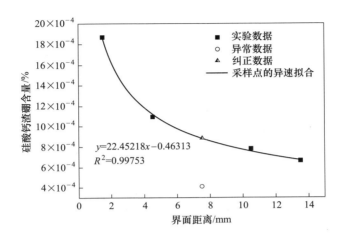

图 3-84 扩散后硅酸钙中硼含量与界面距离的关系（3mm 间隔）

由图 3-84 可以看到扩散以后硅酸钙中硼含量随着扩散距离的增大呈非线性下降，其中当扩散距离 $x_3 = 7.5mm$ 时，样品中硼含量出现异常。利用线性拟合后将该点数值修正，根据式（3-79），作图 $lgc(x, t) - x^2$，如图 3-85 所示。由图 3-85 可以得到线性拟合后的斜率，并结合式（3-80）计算出 B_2O_3 在 37%CaO-63%SiO$_2$ 渣中的扩散系数，见表 3-27。

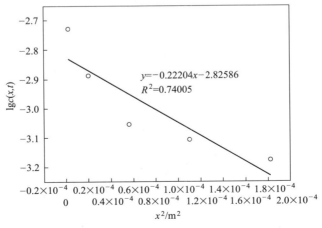

图 3-85 实验数据的线性拟合结果（3mm 间隔）

表 3-27　B_2O_3 在 37%CaO-63%SiO_2 渣中扩散后样品中硼元素浓度和扩散系数

序号	硼含量（质量分数）	x_i/mm	x_i^2/m^2	扩散系数/$m^2 \cdot s^{-1}$
1	$18.67×10^{-6}$	1.5	$2.25×10^{-6}$	
2	$10.94×10^{-6}$	4.5	$2.025×10^{-5}$	
3	$8.83×10^{-6}$	7.5	$5.625×10^{-5}$	$2.72×10^{-8}$
4	$7.83×10^{-6}$	10.5	$1.1025×10^{-4}$	
5	$6.66×10^{-6}$	13.5	$1.8225×10^{-4}$	

由表 3-27 可以看出本次实验计算所得 B_2O_3 扩散系数值偏大，线性拟合不是很好，分析原因可能是由于本次实验是每隔 3mm 取一个薄片，所选取的扩散距离过大导致实验误差偏大所致。因此根据以上分析利用毛细管-熔池扩散装置时，每隔 2mm 从扩散界面处开始取样，能够较为准确地实验测算出 B_2O_3 在熔渣中的扩散系数。

C　扩散后样品物相及形貌分析

通过 XRD 分析可知，无论是毛细管扩散后的硅酸钙样品，或者 17mm 大直径石墨坩埚扩散后的样品还是含质量分数为 10%B_2O_3 的扩散源，均没有检测出含 B_2O_3 物相（如 CaB_2O_4），所有物相均为不同形式的硅酸钙，如图 3-86 所示。

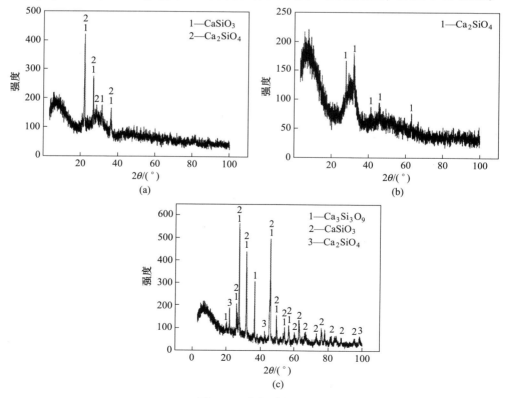

图 3-86　物相分析图

（a）含 10%B_2O_3 扩散源；（b）17mm 直径坩埚扩散后样品；（c）毛细管扩散后样品

图 3-87 所示为扩散样品拉曼图，在 808cm^{-1} 处有一强拉曼效应，参考 Bronswijk 的研究结果可以知道该处峰是 B_2O_3 典型的硼环特征峰。而 17mm 直径坩埚扩散后的样品，可能由于渣中 CaO 对于 B_2O_3 的影响而使其吸收峰位置向左移动，没有在 808cm^{-1} 处有一强拉曼效应。但是毛细管扩散后的样品说明有 B_2O_3 存在，这与 ICP-AES 和 EPMA 的分析是一致的。

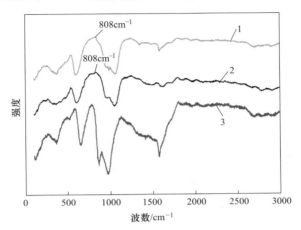

图 3-87　扩散样品拉曼图

1—毛细管扩散后样品；2—90%(CaO-SiO_2)-10%B_2O_3 扩散源；3—17mm 坩埚扩散后样品

由图 3-88 可以看到扩散以后形成一个相为硅酸钙相，图 3-88（a）中有类似白色水印的图形，这是由于硅酸钙样品导电性差和表面凹凸不平所引起的，并不是形成了两个相。由于硅酸钙的导电性差，电子在凹凸不平的地方聚集不易导走，会有较为明显的放电现象。而图 3-88（b）所示的金相图片中就没有这种放电现象发生，可以看到只有一个相。

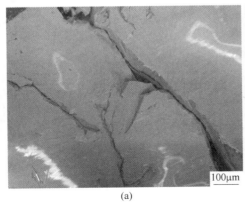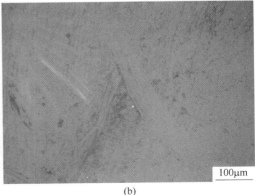

（a）　　　　　　　　　　　　　　　　（b）

图 3-88　毛细管扩散后样品形貌

（a）SEM 图；（b）金相显微镜图

由图 3-89 可以看出沿着扩散方向，硼含量从高浓度处开始呈现逐渐降低的趋势，这与 ICP-AES 的分析是一致的。但是扩散方向上硼含量也会出现波动，并没有持续降低，分析原因可能是由于扩散后的硅酸钙渣块比较脆，而且样品表面平整度无法保证，凹坑处的硼含量由于线扫描检测时，信号较弱导致数值会出现波动。不过整体来看，硼含量还是沿着呈现逐渐降低的变化规律。

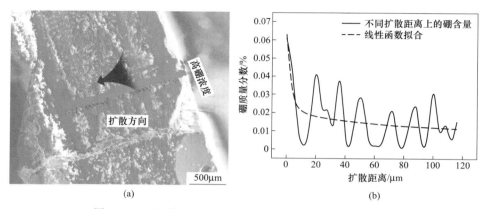

图 3-89   毛细管扩散后样品形貌图（a）和线扫描图（b）

由图 3-90 电子探针 EPMA 打点分析可知，在扩散后的硅酸钙样品中硼（如 B_2O_3）分布是不均匀的，不同位置处硼含量是不一样的。B_2O_3 并不是均匀地从毛细管口开始一层一层的扩散，同一扩散距离处硼含量随位置的变化有较大差异。比如点 3 处硼的质量分数为 0.126%。而分析纯的 CaO 和 SiO_2 中含硼只有不足 $1×10^{-4}$%，说明此位置处的硼是由于 B_2O_3 扩散过来的，同时也说明 B_2O_3 的扩散确实是属于非稳态的扩散。因此选择 2mm 薄片中硼的平均浓度作为不同扩散位置除硼的浓度可以很好地计算其扩散系数。

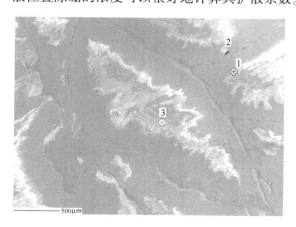

位置	元素	质量分数/%
1	B	0.036
2	B	0.072
3	B	0.126

图 3-90   扩散后硅酸钙熔渣中硼元素电子探针分析（距离扩散界面 2mm 样品）

3.3.5.2 B_2O_3 在 CaO-SiO_2 二元熔渣中的传质系数

A 传质系数方程的建立

图 3-91 为熔渣精炼冶金级硅除杂质硼过程中，硼从硅相向渣相扩散示意图。通常熔渣精炼除硼有 3 个步骤：（1）杂质硼在硅相中质量传递；（2）在渣-硅界面处的化学反应；（3）硼在渣相中质量传递。然而在 1500℃ 温度下，化学反应速率可以认为是足够快。因此，一般认为硼在硅相或者渣相中的质量传递是造渣氧化精炼除硼过程中的限制性环节。

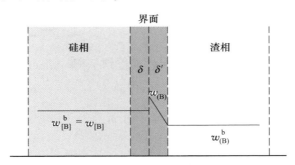

图 3-91 硼从硅相向渣相扩散示意图

熔渣中硼含量的变化速率可有以下方程给出：

$$\frac{dc}{dt} = \frac{A}{V_s}\beta_s(c^* - c) \tag{3-83}$$

式中，c 为硼浓度，mol/L；A 为渣硅界面面积，m^2，可由刚玉坩埚直径决定；V_s 为熔渣体积，m^3；β_s 为硼在熔渣中传质系数，m/s；c^* 为反应界面处硼浓度，mol/L；t 为造渣精炼时间，s。

通常在高温下，认为硼在渣硅界面处达到平衡，因此用平衡浓度来代替界面浓度可得：

$$\frac{dc}{dt} = \frac{A}{V_s}\beta_s(c_e - c) \tag{3-84}$$

式中，c_e 为反应界面处硼平衡浓度。

将式（3-84）中硼浓度在 $[0, c]$ 上积分，时间 t 在 $[0, t]$ 上积分得：

$$-\int_0^c \frac{d(c_e - c)}{c_e - c} = \int_0^t \frac{A}{V_s}\beta_s dt \tag{3-85}$$

解积分方程（3-85）可得：

$$\ln\frac{c_e}{c_e - c} = \frac{A}{V_s}\beta_s t \tag{3-86}$$

然后用质量分数表示可得：

$$\ln\frac{w_{(B)_e}}{w_{(B)_e} - w_{(B)}} = \frac{A}{V_s}\beta_s t \tag{3-87}$$

对于每一个样品来说，杂质 B 质量守恒，因此可得：

$$m_M(w_{[B]_0}) = m_M(w_{[B]_e}) + m_s(w_{(B)_e}) \tag{3-88}$$

式中，m_M 为硅的质量；m_s 为渣的质量；$w_{[B]_0}$）为冶金级硅中硼含量；$w_{[B]_e}$ 平衡时硅中硼含量，$w_{(B)_e}$ 为平衡时渣中 B 含量。

其中硼的分配系数为 L_B：

$$L_B = \frac{w_{(B)_e}}{w_{[B]_e}} \tag{3-89}$$

根据式（3-88）和式（3-89）可以计算得到平衡时硼在熔渣中浓度：

$$w_{(B)_e} = \frac{m_M(w_{[B]_e})}{\dfrac{m_M}{L_B} + m_s} \tag{3-90}$$

令 $Y = \dfrac{w_{(B)_e}}{w_{(B)_e} - w_{(B)_0}}$，$k = \dfrac{A}{V_s}\beta_s$，可得：

$$\ln Y = kt \tag{3-91}$$

根据式（3-91）以 $\ln Y\text{-}t$ 作图，即可求出斜率 k。然后可以得到硼在熔渣中的传质系数：

$$\beta_s = k\frac{V}{A_s} = kd \tag{3-92}$$

式中，k 为斜率；d 为坩埚直径。

B　实验结果与传质系数的计算

由图 3-92 可以看到对于 37%CaO-63%SiO$_2$ 熔渣，精炼硅中硼含量随着精炼时间的增加而降低。精炼渣中的硼含量，刚开始随着精炼时间的增加而增加，这是由于精炼时间的延长保证了杂质硼在硅相和渣相中质量传递的进行，进入渣相中的硼含量会随之增高，当精炼时间达到 180min 时，精炼渣中的硼含量又降低了，分析原因可能是在 1500℃高温下精炼 180min 时，较多的杂质硼挥发了，导致此时渣相和硅相中的硼含量都比较低。这一点从分配系数上也可以得到证明，杂质硼的分配系数刚开始随着精炼时间的增加而增大，当精炼时间为 120min 时，分配系数达到了最大值 2.07，之后基本上保持不变。

将精炼时间与 $\ln Y$ 作图，如图 3-93 所示，从图中可以看出当精炼时间为 180min 时，$\ln Y$ 为异常点，这是由于此时硼挥发损失较大，导致精炼渣中硼含量降低，硼的分配系数下降所致。将剩余 3 点（精炼时间分别为 30min、60min、120min）进行线性拟合如图 3-93 所示，根据线性拟合所得斜率和坩埚直径求出，在 1500℃时硼在 37%CaO-63%SiO$_2$ 熔渣中的传质系数见表 3-28。

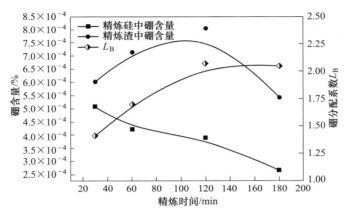

图 3-92　不同精炼时间后精炼后硅和渣中硼含量和硼的分配系数

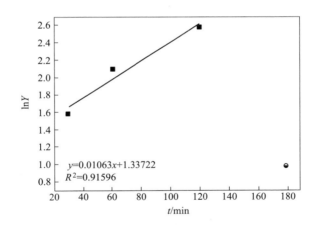

图 3-93　37%CaO-63%SiO$_2$ 熔渣精炼以后 lnY-t 关系图

表 3-28　硼在 37%CaO-63%SiO$_2$ 熔渣中的传质系数计算结果

序号	坩埚直径/mm	精炼时间/min	渣中硼传质系数 β_s/m·s^{-1}
1	35	30	6.2×10^{-6}
2		60	
3		120	
4		180	

3.3.5.3 有效边界层

在精炼温度下，熔体硅和精炼渣是两个不相容的液相，因此硅相和渣相之间会有流动性差异，在两相界面处就会形成具有一定厚度的硼浓度梯度的浓度边界层，如图 3-94 所示。

定义，在 $x = 0$ 处做浓度分布的曲线的切线与相内浓度 c 的延长线的交点到固液相界面的距离即为扩散的边界层厚度，也称做有效边界层厚度，用 δ 表示，其中 δ 可以通过式（3-93）求出：

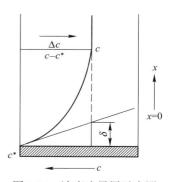

图 3-94 浓度边界层示意图

$$\delta = \frac{c - c^*}{(\partial c / \partial x)_{x=0}} \qquad (3-93)$$

式中，$(\partial c / \partial x)_{x=0}$ 为切线的斜率，其值为负；$c - c^* < 0$，c^* 为边界层上 B 的浓度。

结合式（3-93）可得：

$$D = \beta_s \cdot \delta \qquad (3-94)$$

$$\delta = D / \beta_s$$

$$= \frac{5.265 \times 10^{-9} \mathrm{m^2/s}}{6.2 \times 10^{-6} \mathrm{m/s}}$$

$$= 0.849 \mathrm{mm}$$

由式（3-79）计算得到 B_2O_3 在 37% CaO-63% SiO_2 熔渣中的扩散系数为 $5.265 \times 10^{-9} \mathrm{m^2/s}$；由式（3-92）计算得到 B_2O_3 在 37% CaO-63% SiO_2 熔渣中的传质系数为 $6.2 \times 10^{-6} \mathrm{m/s}$。因此结合式（3-94）可以得到靠近熔渣一侧的有效边界层厚度为 0.849mm。近年来国内外的研究学者利用不同的造渣剂对杂质硼在硅和熔渣中的扩散传质问题进行了研究，对于造渣精炼除硼的动力学过程有了更多的理解，见表 3-29。

表 3-29 硼在硅和渣中的扩散传质

研究者	硼在硅中扩散系数 /$m^2 \cdot s^{-1}$	硼在渣中扩散系数 /$m^2 \cdot s^{-1}$	硼在硅中传质系数 /$m \cdot s^{-1}$	硼在渣中传质系数 /$m \cdot s^{-1}$	硅一侧边界层厚度/mm	渣一侧边界层厚度/mm
伍继君等人	1.46×10^{-8}	5.265×10^{-9}	1.7×10^{-4}	6.2×10^{-6}	0.086	0.849
Morita		8.46×10^{-9}		2.5×10^{-5}		0.34
Li			1.7×10^{-6}	1.7×10^{-7}		
Krystad				1.3×10^{-6}		
Tang	2.7×10^{-8}					

研究者	硼在硅中扩散系数/m²·s⁻¹	硼在渣中扩散系数/m²·s⁻¹	硼在硅中传质系数/m·s⁻¹	硼在渣中传质系数/m·s⁻¹	硅一侧边界层厚度/mm	渣一侧边界层厚度/mm
Kodera	$(2.4\pm0.7)\times10^{-8}$					
Garandet	1.2×10^{-8}					

一般来说有效边界层厚度越厚，那么杂质硼或者其氧化物（B_2O_3）在边界层内的扩散阻力也就越大，因此 B_2O_3 在靠近熔渣一侧边界层中的传质系数就会越小，B_2O_3 通过边界层扩散到熔渣当中就越困难。通过对 B_2O_3 在熔渣中扩散系数、传质系数及边界层厚度等动力学参数的计算，确认了造渣精炼冶金级硅中杂质硼去除过程中，B_2O_3 在熔渣一侧有效边界层中的质量传递过程是限制性环节。因此，可以通过降低有效边界层厚度，提高 B_2O_3 在边界层内的扩散传质速率来提高除硼的效率。

参 考 文 献

[1] 罗绮雯, 陈红雨, 唐明成. 冶金法提纯太阳能级硅材料的研究进展 [J]. 中国有色冶金, 2008 (1), 29~31.

[2] 李小明, 李文锋, 王尚杰, 等. 工业硅造渣提纯中硅与渣的熔分研究 [J]. 热加工工艺, 2012, 41 (15): 22~24.

[3] Davis J R, Rohatgi A, Rai-Choudhury P, et al. Characterization of the effects of metallic impurities on silicon solar cell performance [C] //13th Photovoltaic Specialists Conference. 1978, 1: 490~495.

[4] Davis J R, Rohatgi A, Hopkins R H, et al. Impurities in silicon solar cells [J]. Electron Devices, IEEE Transactions on, 1980, 27 (4): 677~687.

[5] Graff K. Metal impurities in silicon-device fabrication [M]. Springer Science & Business Media, 2013.

[6] Morita K, Miki T. Thermodynamics of solar-grade-silicon refining [J]. Intermetallics, 2003, 11 (11~12): 1111~1117.

[7] 蔡靖, 陈朝, 罗学涛. 高纯冶金硅除硼的研究进展 [J]. 材料导报, 2009, 12 (23): 81~84.

[8] 罗大伟, 刘宁, 卢一平, 等. 等离子体提纯太阳能级硅材料的工艺进展 [J]. 铸造技术, 2009 (7): 111~114.

[9] 姜大川, 董伟, 谭毅, 等. 电子束熔炼多晶硅对杂质铝去除机制研究 [J]. 材料工程, 2010, 8: 8~11.

[10] 王烨, 伍继君, 马文会, 等. 太阳能级硅制备技术与除硼工艺研究现状 [C] // 2008 年全国冶金物理化学学术会议专辑（下册）. 2008.

[11] 伍继君, 戴永年, 马文会, 等. 冶金级硅氧化精炼提纯制备太阳能级硅研究进展 [J]. 真空科学与技术学报, 2010, 30 (1): 43~49.

[12] 石南林. 高纯稀土金属及单晶制备 [J]. 材料科学进展, 1987, 1 (18): 20~25.

[13] Morita K. Thermodynamics of solar-grade-silicon refining [J]. Intermetallics, 2003, 11: 1111~1117.

[14] Teixeira L A V, Tokuda Y, Yoko T, et al. Behavior and state of boron in CaO-SiO$_2$ slags during refining of solar grade silicon [J]. ISIJ international, 2009, 49 (6): 777~782.

[15] Schei A. Method for refining of silicon [P]. U S: Patent 5788945, 1998.

[16] Fujiwara H, Otsuka R, Wada K, et al. Silicon purifying method, slag for purifying silicon and purified silicon [P]. U S Patent Application: 10/503304, 2003.

[17] Enebakk E, Tranell G M, Tronstrad R. Calcium-silicate based slag for treatment of molten silicon [P]. U. S. Patent, 2011.

[18] Khattak C P, Joyce D B, Schmid F. Production of solar grade (SoG) silicon by refining liquid metallurgical grade (MG) silicon [J]. National Renewable Energy Laboratory, 2001: 8~12.

[19] Teixeira L A V, Tokuda Y, Morta K. Behavior and state of boron in CaO-SiO$_2$ slags during refining of solar grade silicon [J]. ISIJ International, 2009, 49 (6): 777~782.

[20] Morita K. Thermodynamics of solar-grade-silicon refining [J]. Intermetallics, 2003, 11 (11): 1111~1117.

[21] Jakobsson L K, Tangstad M. Erratum to: distribution of boron between silicon and CaO-MgO-Al$_2$O$_3$-SiO$_2$, slags [J]. Metallurgical and Materials Transactions B, 2014, 45 (6): 1644~1655.

[22] Johnston M D, Barati M. Distribution of impurity elements in slag-silicon equilibria for oxidative refining of metallurgical silicon for solar cell applications [J]. Solar Energy Materials & Solar Cells, 2010, 94 (12): 2085~2090.

[23] Zhang L, Tan Y, Xu F M, et al. Removal of boron from molten silicon using Na$_2$O-CaO-SiO$_2$ Slags [J]. Separation Science and Technology, 2012, 48 (7): 1140~1144.

[24] Li J, Zhang L, Tan Y, et al. Research of boron removal from polysilicon using CaO-Al$_2$O$_3$-SiO$_2$-CaF$_2$, slags [J]. Vacuum, 2014, 103 (3): 33~37.

[25] Fang M, Lu C, Huang L, et al. Multiple slag operation on boron removal from metallurgical-grade silicon using Na$_2$O-SiO$_2$ slags [J]. Industrial & Engineering Chemistry Research, 2014, 53 (30): 12054~12062.

[26] Safarian J, Tranell G, Tangstad M. Thermodynamic and kinetic behavior of B and Na through the contact of B-doped silicon with Na$_2$O-SiO$_2$, Slags [J]. Metallurgical and Materials Transactions B, 2013, 44 (3): 571~583.

[27] Safarian J, Tranell G, Tangstad M. Boron removal from silicon by CaO-Na$_2$O-SiO$_2$, ternary slag [J]. Metallurgical and Materials Transactions E, 2015, 2 (2): 109~118.

[28] Suzuki K, Sano N. Thermodynamics for removal of boron from metallurgical silicon by flux treatment [M]. Tenth E. C. Photovoltaic Solar Energy Conference. Springer Netherlands, 1991: 273~275.

[29] Noguchi R, Suzuki K, Tsukihashi F, et al. Thermodynamics of boron in a silicon melt [J].

Metallurgical and Materials Transactions B, 1994, 25（6）：903~907.

[30] Tanahashi M. Removal of boron from metallurgical-grade silicon by applying CaO-based flux treatment［C］//International Symposium on Metallurgical and Materials Processing：Principles and Technologies, San Diego, California, 2003：613~624.

[31] Yin C H, Hu B F, Huang X M. Boron removal from molten silicon using sodium-based slags［J］. Journal of Semiconductors, 2011, 32：1~4.

[32] 丁朝. 冶金级硅造渣氧化精炼除硼工艺研究［D］. 昆明：昆明理工大学, 2012：35~39.

[33] Ding Z, Ma W H, Wei K X, et al. Boron removal from metallurgical-grade silicon using lithium containing slag［J］. Journal of Non-Crystalline Solids, 2012, 58（18~19）：2708~2712.

[34] Wu J J, Ma W H, Jia B J, et al. Boron removal from metallurgical grade silicon using a CaO-Li$_2$O-SiO$_2$ molten slag refining technique［J］. Journal of Non-Crystalline Solids, 2012, 358（23）：3079~3083.

[35] Li Y, Wu J J, Ma W, et al. Boron removal from metallurgical grade silicon using a refining technique of calcium silicate molten slag containing potassium carbonate［J］. Silicon, 2014, 7（3）：247~252.

[36] Wang F, Wu J J, Ma W, et al. Removal of impurities from metallurgical grade silicon by addition of ZnO to calcium silicate slag［J］. Separation & Purification Technology, 2016, 170：248~255.

[37] Wu J J, Xia Z, Ma W, et al. Effect of zinc oxide addition in slag system and heating manner on boron removal from metallurgical grade silicon［J］. Materials Science in Semiconductor Processing, 2017, 57：59~62.

[38] 黄希钴. 钢铁冶金原理［M］. 北京：冶金工业出版社, 2002.

[39] Wu J J, Wang F, Ma W, et al. Thermodynamics and kinetics of boron removal from metallurgical grade silicon by addition of high basic potassium carbonate to calcium silicate slag［J］. Metallurgical and Materials Transactions B, 2016, 47（3）：1796~1803.

[40] Wu J J, Wang F, Chen Z, et al. Diffusion and mass transfer of boron in molten silicon during slag refining process of metallurgical grade silicon［J］. Fluid Phase Equilibria, 2015, 404：70~74.

[41] Li Y, Wu J J, Ma W. Kinetics of boron removal from metallurgical grade silicon using a slag refining technique based on CaO-SiO$_2$ binary system［J］. Separation Science and Technology, 2014, 49（12）：1946~1952.

[42] Nishimoto H, Kang Y, Yoshikawa T, et al. The rate of boron removal from molten silicon by CaO-SiO$_2$ slag and Cl$_2$ treatment［J］. High Temperature Materials & Processes, 2012, 31（4~5）：471~477.

[43] Wang Y, Morita K. Reaction mechanism and kinetics of boron removal from molten silicon by CaO-SiO$_2$-CaCl$_2$, slag treatment［J］. Journal of Sustainable Metallurgy, 2015, 1（2）：126~133.

[44] Zhang L, Tan Y, Li J, et al. Study of boron removal from molten silicon by slag refining under

atmosphere [J]. Materials Science in Semiconductor Processing, 2013, 16 (6): 1645~1649.

[45] Lai H, Huang L, Lu C, et al. Reaction mechanism and kinetics of boron removal from metallurgical-grade silicon based on Li_2O-SiO_2 slags [J]. JOM, 2016, 68 (9): 1~10.

[46] Zhang L, Pomykala J A, Ciftja A. The kinetics of boron removal during slag refining in the production of solar-grade silicon [M] EPD Congress 2012. John Wiley & Sons, Inc. 2012: 471~480.

[47] Krystad E, Tang K, Tranell G. The Kinetics of Boron Transfer in Slag Refining of Silicon [J]. JOM, 2012, 64 (8): 968~972.

[48] 郭汉杰. 冶金物理化学教程 [M]. 北京: 冶金工业出版社, 2004.

[49] 华一新. 冶金过程动力学导论 [M]. 北京: 冶金工业出版社, 2004.

[50] 丁朝. 冶金级硅造渣氧化精炼除硼工艺研究 [D]. 昆明: 昆明理工大学, 2012: 35~39.

[51] 梁英教, 等. 无机物热力数据学手册 [M]. 沈阳: 东北大学出版社, 1994.

[52] 叶大伦, 等. 实用无机物热力学数据手册 [M]. 2 版. 北京: 冶金工业出版社, 2002.

[53] Khattak C P, Joyce D B, Schmid F. Production of solar grade (SoG) silicon by refining liquid metallurgical grade (MG) silicon [J]. NREL/SR 520-30716, (2001-04-19).

[54] Shimpo T, Yoshikawa T, Morita K. Thermodynamic study of the effect if calcium on removal of phosphorus from silicon by acid leaching treatment [J]. Materials Science and Engineering B. 2004, 35 (2): 277~284.

[55] Morita K, Miki T. Thermodynamics of solar-grade-silicon refining [J]. Intermetallics, 2003, 11: 1111~1117.

[56] Tanahashi M, Sano M, Yamauchi C, et al. Oxidation removal behavior of boron and local non-equilibrium reaction field in purification process of molten silicon by the flux injection technique [J]. The Minerals, Metals and Materials Society, 2006, 1: 173~186.

[57] Tanahashi M. Removal of boron from metallurgical-grade silicon by applying CaO-based flux treatment [C]//International Symposium on Metallurgical and Materials Processing: Principles and Technologies, San Diego, California, 2003: 613~624.

[58] Tanahashi M. Thermodynamics of minor elements in molten silicon and refining process of silicon for solar cells [J]. Recent Research Developments in Physical Chemistry, 2005, 8: 49~79.

[59] Nakamura N, Hiroyuki B, Yasuhiko S, et al. Boron removal in molten silicon with stream added plasma method [J]. Journal of the Japan Institute of Metals, 2003, 67: 583~589.

[60] Fujiwara H, Otsuka R, Wada K, et al. Silicon purifying method, slag for purifying silicon and purified silicon [P]. Japan, 2003.

[61] Teixeira L A V, Tokuda Y, Yoko T, et al. Behavior and state of boron in CaO-SiO_2 slags during refining of solar grade silicon [J]. ISIJ International, 2009, 49: 777~782.

[62] Dietl J. Proceeding of the 8th E. C. Photovohaic Solar Energy Conference, Dordrecht, the Netherlands, 1988: 599.

[63] Johnston M D, Barati M. Distribution of impurity elements in slag-silicon equilibria for oxidative refining of metallurgical silicon for solar cell applications [J]. Solar Energy Materials & Solar

Cells, 2010, 12: 2085~2090.

［64］ Johnston M D, Barati M. Effect of slag basicity and oxygen potential on the distribution of boron and phosphorus between slag and silicon ［J］. Journal of Non-Crystalline Solids, 2011, 357: 970~975.

［65］ 王俭, 毛裕文. 渣图集 ［M］. 北京: 冶金工业出版社, 1989.

［66］ 王新国, 丁伟中, 沈虹, 等. 金属硅的氧化精炼 ［J］. 中国有色金属学报, 2002, 12: 827~831.

［67］ Noguchi R, Suzuki K, Tsukihashi F, et al. Thermodynamics of boron in a silicon melt ［J］. Metallurgical and Meterials Transactions B, 1994, 25: 903~907.

［68］ Cai J, Li J T, Chen W H, et al. Boron removal from metallurgical silicon using CaO-SiO$_2$-CaF$_2$ Slags ［J］. Transactions of Nonferrous Metals Society of China, 2011, 21: 1402~1406.

［69］ Shur J W, Kang B K, Moon S J, et al. Growth of multi-crystalline silicon ingot by improved directional solidification process based on numerical simulation ［J］. Solar Energy Material & Solar Cells, 2011, 95: 3159~3164.

［70］ Chen N, Qiu S Y, Liu B F, et al. An optical microscopy study of dislocations in multicrystalline silicon grown by directional solidification method ［J］. Materials Science in Semiconductor Processing, 2010, 13: 276~280.

［71］ Teixeira L A V, Morita K. Removal of boron from molten silicon using CaO-SiO$_2$ based slags ［J］. ISIJ International, 2009, 49: 783~787.

［72］ Turkdogan E T. Physicochemical properties of molten slags and glasses ［J］. The Metal Society, 1983: 113~117.

［73］ Verein Deutscher Eisenhuttenleute (VDEh). Slag Atlas 2nd ［M］. Dusseldorf: Verlag Stahleisen Press, 1995.

［74］ 王新国, 丁伟中, 沈虹, 等. 金属硅的氧化精炼 ［J］. 中国有色金属学报, 2002, 12: 827~831.

［75］ Luo D W, Liu N, Lu Y P, et al. Removal of boron from metallurgical grade silicon by electromagnetic induction slag melting ［J］. Transactions of Nonferrous Metals Society of China, 2011, 21: 1178~1184.

［76］ 蔡靖, 陈朝, 罗学涛. 高纯冶金硅除硼的研究进展 ［J］. 材料导报, 2009, 12 (23): 81~84.

［77］ Weiss T, Schwerdtfeger K. Chemical Equilibria between Silicon and Slag Melts ［J］. Metallurgical and Meterials Transactions B, 1993, 25: 497~504.

［78］ Fujiwara H, Yuan L J, Miyata K, et al. Distribution equilibria of the metallic elements and boron between Si based liquid alloys and CaO-Al$_2$O$_3$-SiO$_2$ fluxes ［J］. Journal of the Japan Institute of Metals, 1996, 60: 65~71.

［79］ Suzuki K, Sano N. Proceedings of the 10th E. C. Photovoltaic Solar Energy Conference, Kluwer, Dordrecht, 1991: 273~275.

4 工业硅熔盐精炼去除杂质新技术

4.1 概　　述

目前，冶金法制备太阳能级多晶硅工艺中去除杂质硼的主要方法有吹气氧化精炼、熔渣精炼、等离子体和电子束精炼等。已有研究人员对吹气氧化精炼和熔渣精炼除硼进行了较为深入的研究，在直流电弧炉中通入 Ar-H$_2$O-O$_2$ 气体可以使硅中的杂质硼含量降低至 $2.0×10^{-4}$% 左右，在感应炉中利用 CaO-SiO$_2$-Li$_2$O 熔渣可以使硼含量降低至约 $1.3×10^{-4}$%。

氯化精炼是一种非常有效地去除金属中杂质的方法[1~3]，尤其在冶金级硅炉外精炼方面。氯气通入硅熔体中后，一方面，硅中微小的熔渣颗粒在新相气泡的作用下聚集成大颗粒，借助熔渣的密度、黏度以及表面张力与硅液体的不同而分离；另一方面，通入的氯气与硅中的杂质生成相应的氯化物，其中一部分氯化物呈气态从硅熔体中逸出，如 B、P、Ti、C 的氯化物，另一部分则以熔盐相的形式从硅液中分离，如 Ca、Al、Fe、Cu 等的氯化物，当然，在吹氯过程中会生成 SiCl$_4$ 而造成硅的损失。氯化精炼技术在 20 世纪的冶金级硅工厂得到普遍应用，Al 含量可以降低到 0.01% 以下，Ti 的去除率可达到 40%~50%，C 和 Ca 含量也可大大降低，P 的去除率为 10%，B 达到 40%。氯气的使用会造成环境危害，因此目前氯气精炼已经被氧化精炼取代，但是氯气精炼在杂质 B 的去除上效果是很突出的。

基于吹氯精炼的原理，发现可以通过热力学分析后提出利用向冶金级硅中加入氯化物熔盐 MeCl$_x$ 的方式，探讨氯化物熔盐去除冶金级硅中杂质元素硼的可能性和实验效果，在高温下将氯化物中的氯转移给硅中的硼，使之生成硼的氯化物挥发去除。该方法仅限于探讨氯化物熔盐去除冶金级硅中杂质元素硼的可行性和去除效果，不考虑生成气态的硼和硅的氯化物。

4.2 熔盐精炼去除杂质机理

4.2.1 氯化物熔盐精炼除硼基本原理

氯化物熔盐 MeCl$_x$ 的熔点远远低于氧化物，且高温下氯化物的离解压也低于氧化物，低熔点和易离解的氯化物熔盐将与硅和硅中的杂质硼反应生成可挥发的气态化合物，从热力学来说，气态化合物的生成将有利于冶金级硅中杂质硼的去除。氯化物熔盐精炼除硼的基本原理如图4-1所示。在熔盐与硅液相之间存在一相界面层，相界面层中发生氯化物熔盐与硅和硅中溶解 [B] 的反应，见式（4-1）和式（4-2），同时，硅中溶解的 [B] 向相界面层扩散并与生成的 $SiCl_z$（g）发生反应，见式（4-3）。

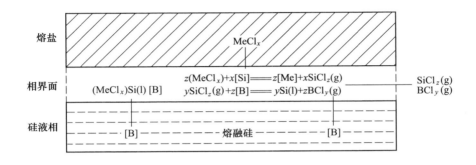

图4-1 氯化物熔盐精炼除硼的基本原理示意图

$$z(MeCl_x) + x[Si] = z[Me] + xSiCl_z(g)\ (z = 1,\ 2,\ 3,\ 4) \tag{4-1}$$

$$y(MeCl_x) + x[B] = y[Me] + xBCl_y(g)\ (y = 1,\ 2,\ 3) \tag{4-2}$$

$$ySiCl_z(g) + z[B] = ySi(l) + zBCl_y(g) \tag{4-3}$$

4.2.2 氯化物熔盐精炼除硼热力学

首先，通过比较式（4-1）和式（4-2）的标准吉布斯自由能判断优势反应，当式（4-2）的标准吉布斯自由能 $\Delta G^{\ominus}_{(4-2)}$ 小于式（4-1）的 $\Delta G^{\ominus}_{(4-1)}$ 时，采用氯化物熔盐 $MeCl_x$ 就完全有可能去除冶金级硅中的杂质元素硼，此时，生成的 $SiCl_y$（g）将与硅中的溶解硼 [B] 发生反应生成 BCl_y（g）而挥发除去。此处选用 $CuCl_2$、$FeCl_3$、$MgCl_2$、NaCl、$CaCl_2$ 和 $AlCl_3$ 熔盐对去除冶金级硅中杂质元素硼的反应热力学过程进行研究，不考虑硅中其他杂质的影响。计算 1412~1800℃ 范围内 $CuCl_2$、$FeCl_3$、$MgCl_2$、NaCl、$CaCl_2$ 和 $AlCl_3$ 分别与 Si 和 [B] 可能发生的反应，硅中的硼被氧化成气态化合物 BCl、BCl_2 和 BCl_3，同时，Si 也被氧化成气态氯化物 SiCl、$SiCl_2$、$SiCl_3$ 和 $SiCl_4$，可能发生的反应见表4-1。

对式（4-4），以纯组元 B 为标态：

$$B = [B] \tag{4-4}$$

式（4-4）的标准吉布斯自由能 $\Delta G^{\ominus}_{(4-4)} = 0$，各反应的 $\Delta G^{\ominus}$ 与温度的关系如图4-2所示。

表4-1　（MeCl$_x$）-Si-[B] 体系可能发生的反应

序号	反　　应	序号	反　　应
1	$1/2CuCl_2(1) + [B] = 1/2[Cu] + BCl(g)$	22	$NaCl(1) + [B] = [Na] + BCl(g)$
2	$CuCl_2(1) + [B] = [Cu] + BCl_2(g)$	23	$2NaCl(1) + [B] = 2[Na] + BCl_2(g)$
3	$3/2CuCl_2(1) + [B] = 3/2[Cu] + BCl_3(g)$	24	$3NaCl(1) + [B] = 3[Na] + BCl_3(g)$
4	$1/2CuCl_2(1) + Si(1) = 1/2[Cu] + SiCl(g)$	25	$NaCl(1) + Si(1) = [Na] + SiCl(g)$
5	$CuCl_2(1) + Si(1) = [Cu] + SiCl_2(g)$	26	$2NaCl(1) + Si(1) = 2Na(1) + SiCl_2(g)$
6	$3/2CuCl_2(1) + Si(1) = 3/2[Cu] + SiCl_3(g)$	27	$3NaCl(1) + Si(1) = 3Na(1) + SiCl_3(g)$
7	$2CuCl_2(1) + Si(1) = 2[Cu] + SiCl_4(g)$	28	$4NaCl(1) + Si(1) = 4Na(1) + SiCl_4(g)$
8	$1/3FeCl_3(1) + [B] = 1/3[Fe] + BCl(g)$	29	$1/2CaCl_2(1) + [B] = 1/2[Ca] + BCl(g)$
9	$2/3FeCl_3(1) + [B] = 2/3[Fe] + BCl_2(g)$	30	$CaCl_2(1) + [B] = [Ca] + BCl_2(g)$
10	$FeCl_3(1) + [B] = [Fe] + BCl_3(g)$	31	$3/2CaCl_2(1) + [B] = 3/2[Ca] + BCl_3(g)$
11	$1/3FeCl_3(1) + Si(1) = 1/3[Fe] + SiCl(g)$	32	$1/2CaCl_2(1) + Si(1) = 1/2[Ca] + SiCl(g)$
12	$2/3FeCl_3(1) + Si(1) = 2/3[Fe] + SiCl_2(g)$	33	$CaCl_2(1) + Si(1) = [Ca] + SiCl_2(g)$
13	$FeCl_3(1) + Si(1) = [Fe] + SiCl_3(g)$	34	$3/2CaCl_2(1) + Si(1) = 3/2[Ca] + SiCl_3(g)$
14	$4/3FeCl_3(1) + Si(1) = 4/3[Fe] + SiCl_4(g)$	35	$2CaCl_2(1) + Si(1) = 2[Ca] + SiCl_4(g)$
15	$1/2MgCl_2(1) + [B] = 1/2[Mg] + BCl(g)$	36	$1/3AlCl_3(1) + [B] = 1/3[Al] + BCl(g)$
16	$MgCl_2(1) + [B] = [Mg] + BCl_2(g)$	37	$2/3AlCl_3(1) + [B] = 2/3[Al] + BCl_2(g)$
17	$3/2MgCl_2(1) + [B] = 3/2[Mg] + BCl_3(g)$	38	$AlCl_3(1) + [B] = [Al] + BCl_3(g)$
18	$1/2MgCl_2(1) + Si(1) = 1/2[Mg] + SiCl(g)$	39	$1/3AlCl_3(1) + Si(1) = 1/3[Al] + SiCl(g)$
19	$MgCl_2(1) + Si(1) = [Mg] + SiCl_2(g)$	40	$2/3AlCl_3(1) + Si(1) = 2/3[Al] + SiCl_2(g)$
20	$3/2MgCl_2(1) + Si(1) = 3/2[Mg] + SiCl_3(g)$	41	$AlCl_3(1) + Si(1) = [Al] + SiCl_3(g)$
21	$2MgCl_2(1) + Si(1) = 2[Mg] + SiCl_4(g)$	42	$4/3AlCl_3(1) + Si(1) = 4/3[Al] + SiCl_4(g)$

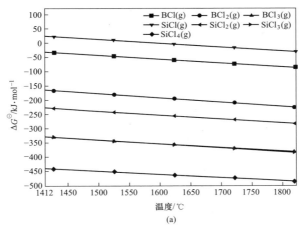

(a)

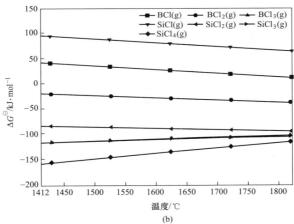

(b)

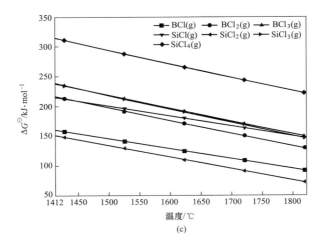

(c)

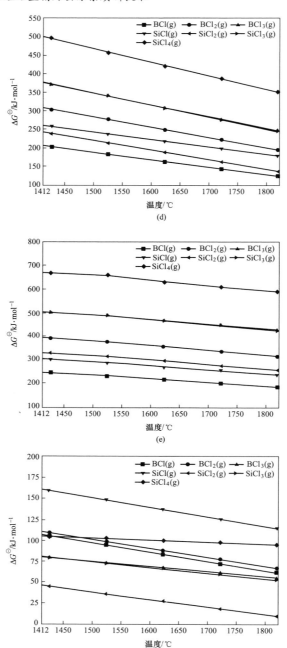

图 4-2 （MeCl$_x$）-Si-［B］系反应 $\Delta G^{\ominus}$-T 图

（a）CuCl$_2$-Si-［B］系；（b）FeCl$_3$-Si-［B］系；（c）MgCl$_2$-Si-［B］系；

（d）NaCl-Si-［B］系；（e）CaCl$_2$-Si-［B］系；（f）AlCl$_3$-Si-［B］系

从图 4-2 可以看到，由于 $CuCl_2$ 和 $FeCl_3$ 具有很强的强氧化性，且与硅中溶解硼 [B] 的标准吉布斯自由能为负值，可知，这两种氯化物熔盐可以将冶金级硅中的 Si 和溶解 [B] 氧化成相应的气态氯化物。虽然体系中气态化合物 $SiCl_4$ 的生成趋势最大，但对 $CuCl_2$ 体系而言，其对 Si 和 [B] 同时具有很强的氧化趋势，而 $FeCl_3$ 与 Si 生成气态化合物 $SiCl_4$ 的趋势随着温度的升高而降低，且在更高的温度下，$FeCl_3$ 分别与 [B] 和 Si 生成气态化合物 BCl_3 和 $SiCl_4$ 的趋势相当，因此，可以判断，利用 $CuCl_2$ 和 $FeCl_3$ 可以将冶金级硅中的杂质硼氧化为气态硼化物。

从图 4-2 还可知，虽然 $MgCl_2$、$NaCl$、$CaCl_2$ 和 $AlCl_3$ 与 Si 和溶解 [B] 反应的标准吉布斯自由能均为正值，但对 $MgCl_2$、$NaCl$ 和 $CaCl_2$ 来说，其与溶解 [B] 反应生成气态化合物 BCl 的 $\Delta G^{\ominus}$ 最小，生成趋势也最大，且随着温度的升高 $\Delta G^{\ominus}$ 减小，生成趋势增大。式 (4-2) 的等温方程式可表示为：

$$\Delta G_{(4\text{-}2)} = \Delta G^{\ominus}_{(4\text{-}2)} + RT\ln\frac{(p_{BCl_y}/p^{\ominus})^x \cdot a_{[Me]^y}}{a_{[MeCl_x]^y} \cdot a_{[B]^z}} \tag{4-5}$$

从体系压力考虑，由于气态化合物 BCl_y 在体系中的分压远低于标准态压力，因此通过降低气态化合物 BCl_y 在体系中的分压 p_{BCl_y} 和 $a_{[Fe]}$，可以使反应的吉布斯自由能 ΔG 变为负值。达到高温下利用 $MeCl_x$ 熔盐去除冶金级硅中杂质元素硼的目的。在该反应体系中，综合反应式 (4-3) 的等温方程式可表示为：

$$\lg(p_{BCl_y}/p^{\ominus}) = -\frac{\Delta G^{\ominus}_{(4\text{-}3)}}{2.303zRT} + \lg w_{[B]} \tag{4-6}$$

由于生成的气态化合物主要为硅的氯化物 $SiCl_z$，令 $p_{SiCl_z} = p^{\ominus}$，且对冶金级硅稀溶液来说，硅中溶解硼的活度近似为质量分数 $w_{[B]}$，因此可得到一定温度下体系中气态化合物 BCl_y 分压与硼质量分数 $w_{[B]}$ 的关系，

$$\lg(p_{BCl_y}/p_{SiCl_z}) = -\frac{\Delta G^{\ominus}_{(4\text{-}3)}}{2.303zRT} + \lg w_{[B]} \tag{4-7}$$

硅的氯化物中，取标准吉布斯自由能最小的气态化合物 $SiCl_z$ 进行比较计算，式 (4-7) 反映了平衡时冶金级硅中硼的质量分数与气态硼化物分压 p_{BCl_y} 之间的函数关系。由表 4-1 中各反应的标准吉布斯自由能数据和式 (4-7)，可分别得到 1550℃ 条件下 $CuCl_2$、$FeCl_3$、$MgCl_2$、$NaCl$、$CaCl_2$ 和 $AlCl_3$ 熔盐除硼过程达到平衡时硅中硼含量 $w_{[B]}$ 与 BCl_y 分压的关系，如图 4-3 所示。

从图 4-3 明显可以看到，利用 $CuCl_2$、$FeCl_3$、$NaCl$ 和 $CaCl_2$ 4 种氯化物熔盐作为精炼体系时，冶金级硅中的杂质元素硼被氧化成 BCl_y 的平衡蒸气压更大，而利用 $AlCl_3$ 和 $MgCl_2$ 两种氯化物熔盐生成 BCl_y 的平衡分压稍低。此外，各硼氯化物的平衡分压大小顺序为 $BCl_3 > BCl_2 > BCl$。因此，利用氯化物熔盐精炼时，冶金级硅中的杂质元素硼主要以 BCl_3 的形式挥发。

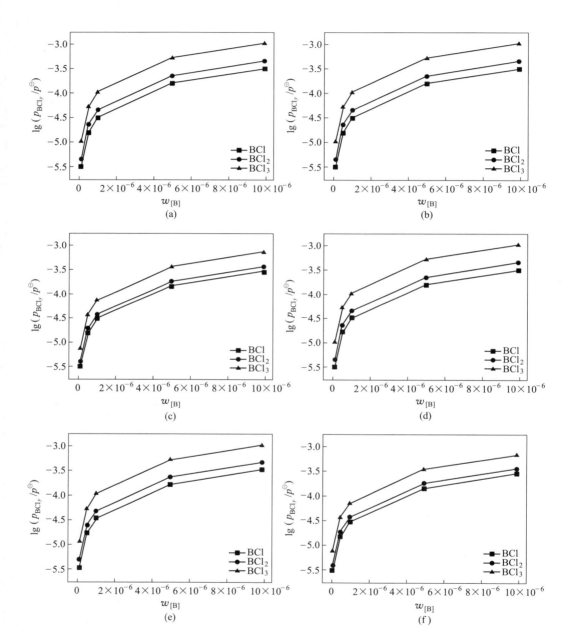

图 4-3　MeCl$_x$ 熔盐除硼过程平衡时硼含量与 BCl$_y$ 分压的关系（1550℃）

（a）CuCl$_2$ 熔盐；（b）FeCl$_3$ 熔盐；（c）MgCl$_2$ 熔盐；

（d）NaCl 熔盐；（e）CaCl$_2$ 熔盐；（f）AlCl$_3$ 熔盐

4.3 熔盐精炼去除杂质新技术

采用 $CuCl_2$、$FeCl_3$、$MgCl_2$、$NaCl$、$CaCl_2$ 和 $AlCl_3$ 等氯化物熔盐去除冶金级硅中的杂质元素硼是可行的，同时，实验和分析结果也很好的证明了热力学分析过程的正确性和合理性，但采用氯化物熔盐仍不能将冶金级硅中的硼含量降低至冶金法太阳能级硅要求的硼含量。

在中频感应炉中，利用冶金级硅粉分别与 $FeCl_3$、$MgCl_2$ 和 $CaCl_2$ 纯氯化物熔盐进行精炼除硼实验，得到的实验样品如图 4-4 所示。

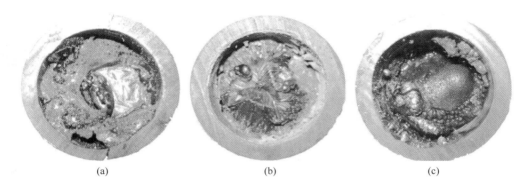

(a)   (b)   (c)

图 4-4 $FeCl_3$(a)、$MgCl_2$(b) 和 $CaCl_2$(c) 精炼除硼的实验样品图

从图 4-4 来看，精炼后的硅相与熔盐相可以较好地得到分离，但不能完全彻底地分离开，$MgCl_2$ 与 $CaCl_2$ 精炼样品的外观相近，表面熔盐呈白色，而 $FeCl_3$ 精炼后，表面熔盐呈浅黄褐色，这可能是因为 $FeCl_3$ 被还原为 Fe 后重新氧化为铁氧化物。

在感应炉中，研究氯化物与冶金级硅配比和精炼时间对冶金级硅中杂质硼去除的影响，设置坩埚内熔体温度为 1600~1700℃，精炼时间为 2h。利用 $FeCl_3$、$MgCl_2$ 和 $CaCl_2$ 纯氯化物熔盐进行精炼除硼实验，氯化物在物料中的比例从 30% 变化至 60%，结果如图 4-5 所示。

从图 4-5 不难发现，硼的去除效果随物料中熔盐比例的升高而迅速增加，当熔盐比例超过 50% 时，硼的去除效果趋于平缓，这是由于在精炼过程中，熔盐量过大会造成大量过剩，熔融硅周围的熔盐不能与硅充分接触而成为无效熔盐，因此，熔盐比例控制在 50%~60% 为宜。

当氯化物熔盐在物料中的比例为 50%（熔盐与硅的比为 1：1）时，探究不同精炼时间对硼去除的影响，结果如图 4-6 所示。结果显示，随着精炼时间的延

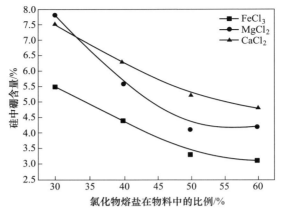

图 4-5　氯化物熔盐比例对除硼效果的影响

长，硅中的硼含量逐渐降低，当精炼时间达到 3h 后，除硼效果也趋于平缓，这说明硼的扩散过程同样受精炼时间的影响和制约，导致除硼动力学条件的恶化，这种变化趋势对于 $FeCl_3$ 熔盐更加明显。

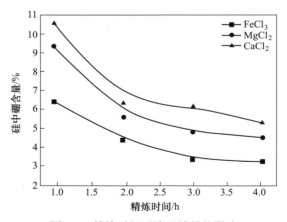

图 4-6　精炼时间对除硼效果的影响

从图 4-5 和图 4-6 均可发现，$FeCl_3$ 的除硼效果比 $MgCl_2$ 和 $CaCl_2$ 都要好，这也与前面的热力学计算结果相吻合，利用纯的 $FeCl_3$ 熔盐精炼可将冶金级硅中的硼含量降低至 $3.1×10^{-4}\%$，而利用 $MgCl_2$ 和 $CaCl_2$ 时硼含量只能分别降低至 $4.5×10^{-4}\%$ 和 $4.3×10^{-4}\%$。

参 考 文 献

[1] 王恩慧. 工业硅氯化精炼原理的探讨 [J]. 轻金属，1995，1：46~49.

［2］姚登华．硅铁炉外氯化精炼实践研究［J］.铁合金，2001，32（2）：10~12.

［3］李小明，张建妮．以氧代氯精炼工业硅的工艺研究［J］.新技术新工艺，2001（6）
　　37~38.

5 工业硅吹气-造渣联合精炼
去除杂质新技术

5.1 概 述

化学法生产太阳能级硅能耗大、污染严重，且生产的核心技术主要掌握在美国、日本和欧洲等发达国家手中，并对我国长期进行技术封锁。冶金法作为一种成本低、环境友好的新型冶炼太阳能级多晶硅的方法得到了不断研究。硅中杂质硼作为一种严重影响太阳能电池效率的非金属杂质元素，对它的去除一直是生产太阳能级硅的世界性难题。

冶金法制备太阳能多晶硅过程中，非金属杂质硼是工业硅中最难去除的元素之一。工业硅熔体中采用造渣（CaO-CaCl$_2$）联合吹气（Ar-H$_2$O（g）-O$_2$）精炼，使部分 Si 氧化生成 SiO$_2$ 后再与 CaO 结合生成硅酸盐渣相，实现造渣-吹气联合精炼深度除硼的目的。本章联合吹湿氧和造渣两种精炼方法，使冶金级硅达到深度除硼的目的。

5.2 吹气-造渣联合精炼去除杂质机理

使用氯化渣系（CaO-CaCl$_2$）和湿氧（H$_2$O（g）-O$_2$）联合精炼法去除工业硅中杂质硼的实验机理如图 5-1 所示。吹入的湿氧能加速杂质硼以 HBO 气体形式挥发，见式（5-1）。

$$[B] + 1/2H_2O(g) + 1/4O_2(g) \rule[0.5ex]{1.5em}{0.4pt} HBO(g) \tag{5-1}$$

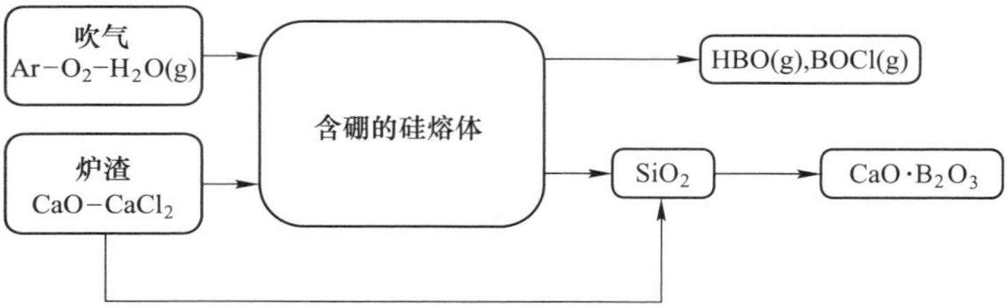

图 5-1 吹气-造渣联合精炼除硼

$CaCl_2$ 熔点低、离解压低。高温下，氯化物熔盐可与硅中杂质 B 反应生成可挥发性气态硼的氯化物。同时，$CaCl_2$ 能与高熔点的 CaO 形成低熔点的共晶体，降低精炼温度，调节熔渣黏度。因此，添加少量的 $CaCl_2$ 渣有利于硼的氧化氯化反应，见式 (5-2)。

$$[B] + 3/4O_2(g) + Cl^- \rightleftharpoons BClO(g) + 1/2O^{2-} \tag{5-2}$$

此外，在精炼过程中，一部分 Si 会被氧化生成中间产物 SiO_2，见式 (5-3)。

$$Si(l) + O_2(g) \rightleftharpoons SiO_2(l) \tag{5-3}$$

中间产物 SiO_2，会结合二元渣 ($CaO-CaCl_2$) 形成新的三元 ($CaO-SiO_2-CaCl_2$) 渣，加速硼的氧化生成 BO_3^{3-}，见式 (5-4)。

$$[B] + 3/4SiO_2(l) + 3/2O^{2-} \rightleftharpoons BO_3^{3-} + 3/4Si(l) \tag{5-4}$$

吹气-造渣联合精炼除硼机理如图 5-2 所示，单独的造渣精炼 ($CaO-CaCl_2$) 对杂质硼没有去除效果。然而，气体的吹入 ($H_2O(g)-O_2(g)$) 能加速工业硅中杂质硼生成 HBO 和 BOCl 气体挥发。另外，由于精炼过程中有 O_2 的参与，部分工业硅会被氧化生成 SiO_2，新形成的三元渣更能促进 B 生成 BO_3^{3-} 盐进入渣中去除[1]。

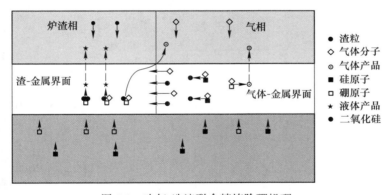

图 5-2 吹气-造渣联合精炼除硼机理

炉外吹气-熔渣联合精炼的原理 (见图 5-3) 是在熔融状态下，造渣剂中的 SiO_2 提供的 [O] 能通过传质作用来氧化硅中的硼杂质，利用硼-氧结合力大于硅-硼结合力的原理，在通入氧气或者湿氧的条件下，在足够的反应时间里，使杂质硼变为气态化合物通过蒸发去除[1]，在进行炉外吹气-熔渣联合精炼实验中 CaO 能与熔体中磷的酸性化合物结合形成磷酸盐，反应方程式为：

$$3CaO + 2H_3PO_4 \rightleftharpoons Ca_3(PO_4)_2 + 3H_2O \tag{5-5}$$

冶金级硅炉外吹气-熔渣联合精炼除硼、磷的机理示意图如图 5-4 所示。

在工业硅冶炼过程中，由于生产技术和设备的差异，硅中杂质含量会有所不同，为了将不同型号工业硅的杂质浓度降低至理想值，在二次精炼时通常采

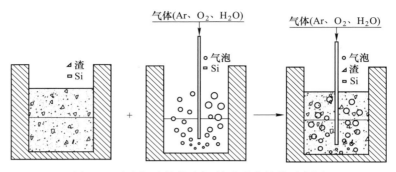

图 5-3   冶金级硅炉外吹气-熔渣联合精炼示意图

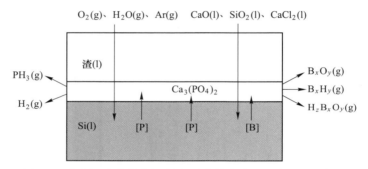

图 5-4   冶金级硅炉外吹气-熔渣联合精炼除硼、磷机理示意图

用吹气精炼技术，这在一定程度上有利于硅中杂质 Al、Ca、Mg、B 和 P 等去除。精炼的气体组成包括惰性气体氩气、压缩空气、水蒸气等混合气体。通常，采取向工业硅中吹入部分氩气精炼，氩气可对熔体进行搅拌，增大硅液中夹杂物粒子的碰撞概率，促进其聚合、长大、增加夹杂物的上浮速度，使夹杂物黏附于氩气泡表面，在气泡上升过程中将夹杂物带出硅液，从而达到去除夹杂物的目的。

　　工业硅精炼比较常见的是向硅熔体中吹入压缩空气或者工业氧气精炼。吹氧精炼是利用不同元素之间氧化性不同的原理，进行选择性氧化的过程，在吹氧时对硅熔体进行搅拌，可以促进氧与熔体的接触，使更多的氧溶解在硅液中，与工业硅熔体中的杂质充分接触发生反应，生成氧化物造渣而与金属硅分离出去。工业硅中氧化物的吉布斯自由能如图 5-5 所示。

　　由图 5-5 可知，工业硅中主要杂质中 Ca 与 O 的亲和力最强，其次是杂质 Al 和 Ti，杂质 Fe 与 O 的亲和力最小。当然，在氧化精炼过程中硅也会被部分氧化，不可避免地造成硅损失。同时，通过热力学分析非金属杂质 B 和 P 也会被部分氧化去除。

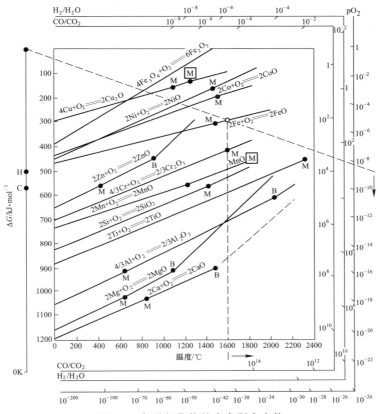

图 5-5　各种氧化物的吉布斯自由能

M—熔点；B—沸点

$$x[Me] + y/2O_2 \Longrightarrow (Me_xO_y)(Me = Ca、Al、Ti) \qquad (5-6)$$

$$[Si] + O_2 \Longrightarrow (SiO_2) \qquad (5-7)$$

$$x[B] + y/2O_2(g) \Longrightarrow B_xO_y(l \text{ 或 } g) \qquad (5-8)$$

传统工业硅生产中，向工业硅中吹压缩空气对杂质有一定的去除作用，但对非金属杂质 B、P 的去除效果不佳，向工业硅中采用联合吹氧气和水蒸气混合气体精炼的新型炉外技术对非金属杂质 B、P 有更好的去除效果。非金属杂质 B 能反应生成更易挥发的气体 HBO、HBO_2、H_2BO_2、H_3BO_3、$H_4B_2O_4$ 等，水蒸气高温下会与 Si 反应生成 SiO 和 H_2、部分 H_2 溶解在硅熔体中，非金属杂质 P 与 [H] 结合生成挥发性 PH_3 气体，通过氩气气泡从硅熔体中脱离去除。

$$Si + H_2O \Longrightarrow SiO + H_2 \qquad (5-9)$$

$$3Si + H_2O + O_2 \Longrightarrow 3SiO + H_2 \qquad (5-10)$$

$$3[H] + [P] \Longrightarrow PH_3 \qquad (5-11)$$

$$x[\text{B}] + z/2\text{H}_2\text{O} + (2y - z)/4\text{O}_2 \Longrightarrow \text{H}_z\text{B}_x\text{O}_y \tag{5-12}$$

本实验使用的设备是精炼电阻炉，设备简易图如图 5-6 所示。

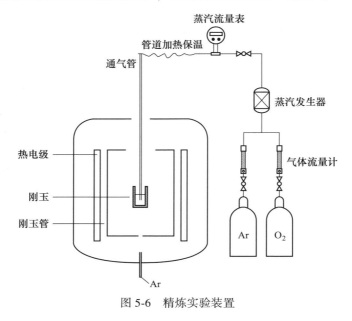

图 5-6　精炼实验装置

5.3　吹气-造渣联合精炼去除杂质新技术

当将混合水蒸气的气体吹入含硼的熔融硅时，Fujiwara 等人[2]同时使用含有至少 45%SiO_2 的矿渣，对于硼的去除，它提供了一种高效、低成本的太阳能多晶硅（大于 6N）方法。原始硅和炉渣被熔化，轴通过旋转/驱动机构旋转，用于搅拌熔融硅。熔渣分散在熔硅中，加速了脱硼反应。Tanahashi 等人[3]还研究了从熔融硅中去除硼的问题，在 1773K 时，采用 CaO 基通量处理和注入氧气。因为氧气是在加入 CaO 或 CaCO_3 后在熔体上注入硅熔体的 CaF_2 通量，高氧分压保持在通量 O_2 非平衡条件下硅界面和硼的去除。

在 MG-Si 精炼过程中，钢包中的硅净化同时采用吹气和炉渣处理。硅中的硼以气态硼化物 B_xO_y、BCl_3 和 BOCl，以及氧化物或硼酸盐除去。最重要的是，吹氧气产生的硼可以促进硅中硼的氧化，炉渣对硼氧化物的吸收也可以加速气态硼化物的挥发。伍继君等人[4,5]描述了这种协同关系，显然，液态硼氧化物/硼酸盐和气态硼化物是气吹和炉渣处理从 MG-Si 中去除硼的最重要形式，提出了一种将吹气与炉渣处理相结合的联合精炼技术，该技术在钢包中原理如图 5-7 所示。

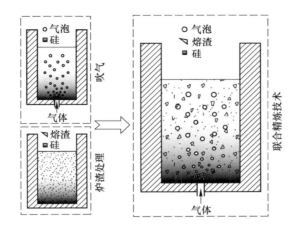

图 5-7 吹气与炉渣处理联合精炼技术的研究思路

采用联合气体吹炼和炉渣处理技术,混合 H_2O-O_2 气体和 CaO-SiO_2-$CaCl_2$ 炉渣与 MG-Si 分离硼结合,硼的协同分离行为如图 5-8 所示。

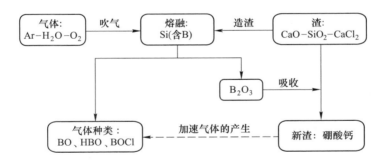

图 5-8 联合炉渣处理和气吹精炼技术协同分离硼的示意图

氧化硼是一种中间产物,它立即被碱性硅酸钙渣和含有硼酸钙 $CaBO_3$ 的新渣相吸收 B_2O_3 然后再生,这将同时加速气态物种 BO、HBO 和 BClO 的产生和挥发。

图 5-9 所示为联合吹气和炉渣处理去除硼,可以看出,采用吹气和炉渣处理相结合,大大提高了除硼效率。当 $40\%Ar$-$60\%O_2$ 与 $42.5\%CaO$-$42.5\%SiO_2$ 结合 $15\%CaCl_2$ 在 1823K 下精炼 3h,硅中硼浓度从 $22\times10^{-4}\%$ 降低到约 $2\times10^{-4}\%$。然而,当结合 $40\%Ar$-$20\%O$ 时,它被降低到 $0.75\times10^{-4}\%$。用 $42.5\%CaO$-$42.5\%SiO_2$ 吹气 $15\%CaCl_2$ 矿渣处理,除硼效率达到 96.6%。

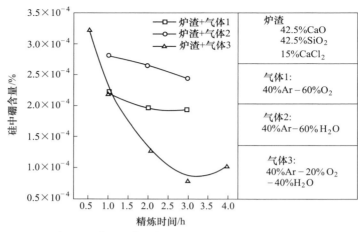

图 5-9 采用联合吹气和炉渣处理去除硼 （1823K）

5.3.1 联合精炼过程中未添加 SiO₂ 对硼去除的影响

5.3.1.1 联合精炼后的样品分析

A 样品的渣硅分离效果

吹气（Ar-H₂O-O₂）-造渣（CaO-CaCl₂）两种方法联合精炼后的样品如图5-10所示。

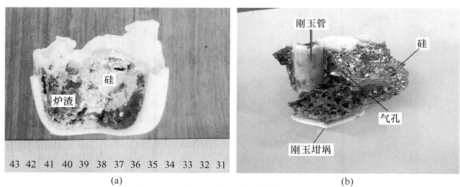

图 5-10 吹气-造渣联合精炼后的样品

（a）硅剖面；（b）硅整体

从图 5-10（a）可以看出，吹气-造渣精炼后的渣和硅有很好的分离效果，精炼硅集中在坩埚的中间，精炼渣则分布在坩埚的周围。另外，从图 5-10（b）可以发现吹气-造渣精炼后的精炼硅中残留有大量的气孔，这主要是因为凝固过程中，吹入的水蒸气和氧气在硅中存在不同的溶解度所致。

B　精炼硅的微观形貌分析

在 $m(CaO):m(CaCl_2)$ 为 4，渣硅质量比为 1，精炼时间 3h，$H_2O(g):O_2$ 流量比为 2，精炼温度为 1823K 的精炼实验条件下，分别经 0.038mm（400 目）、0.018mm（800 目）、0.05mm（1200 目）、0.01mm（1600 目）砂纸打磨和抛光后，对精炼硅样品进行 SEM-EDS 形貌分析，微观结构如图 5-11 所示。

从图 5-11（a）中原始工业硅的 SEM-EDS 可知，工业硅中有许多亮白色的点状和线状的杂质富集相镶嵌在黑色的主体 Si 相中。EDS 分析可以看出，杂质相中包含两种不同的富集相，灰色区域（能谱点 1、3）主要是 Si-Fe-Al 的合金相，灰白色区域（能谱点 2）是 Si-Ti 合金相；吹气-造渣联合精炼后的精炼硅（见图 5-11（b））可以看出，亮白色相有所减少，但是仍有较多的杂质相残留在主体 Si 相中。灰色区域（能谱点 1、2）以 Si-Fe-Al 的合金相存在，灰白色区域（能谱点 3）同样是 Si-Ti 合金相，对比 5-12（a）可以明显发现灰色区域和灰白色区域经过精炼后变得分散；对精炼硅酸洗后（HF-HCl）的硅样品（见图 5-11（c）），可以明显发现酸洗后亮白色杂质相基本去除，只有少量的杂质相富集在硅的裂痕中。通过能谱可以发现，暗色区域（能谱点 1）主要为 Si-Al-Ca 相，这说明，通过酸洗，能够去除工业硅中大部分金属杂质。

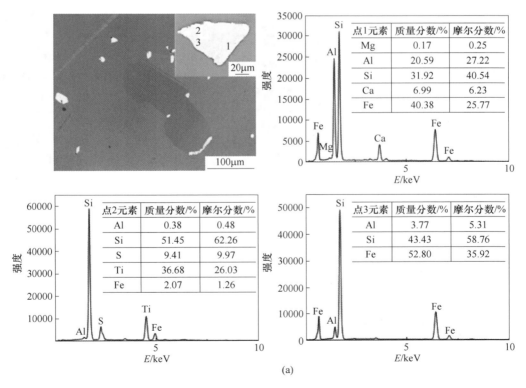

点1元素

点1元素	质量分数/%	摩尔分数/%
Mg	0.17	0.25
Al	20.59	27.22
Si	31.92	40.54
Ca	6.99	6.23
Fe	40.38	25.77

点2元素

点2元素	质量分数/%	摩尔分数/%
Al	0.38	0.48
Si	51.45	62.26
S	9.41	9.97
Ti	36.68	26.03
Fe	2.07	1.26

点3元素

点3元素	质量分数/%	摩尔分数/%
Al	3.77	5.31
Si	43.43	58.76
Fe	52.80	35.92

(a)

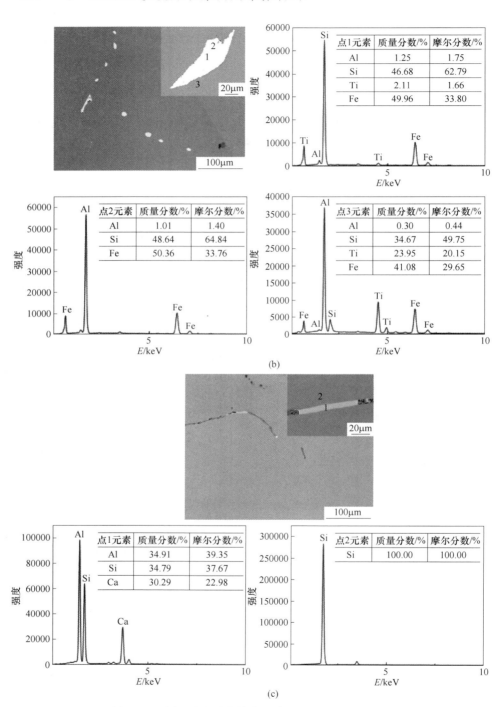

图 5-11　吹气-造渣联合精炼的精炼硅 SEM-EDS 分析

（a）精炼前；（b）精炼后；（c）酸洗后

为了更直观地观察吹气-造渣联合精炼对杂质去除效果的影响，对图 5-11 的精炼硅样品的 Si、Fe、Al、B、Ca 元素进行 EPMA 分析，微观结构如图 5-12 所示。

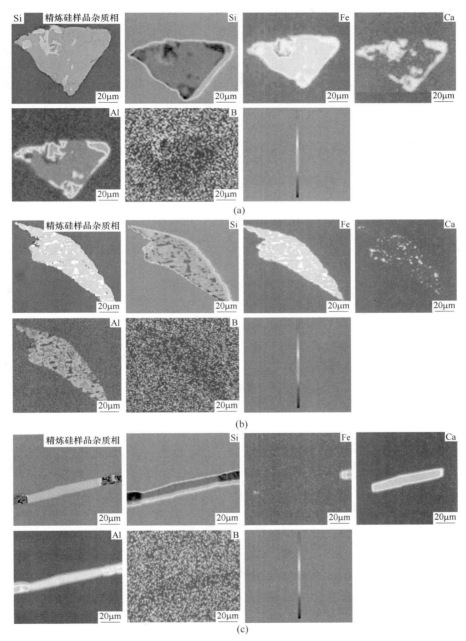

图 5-12 吹气-造渣联合精炼的精炼硅 EPMA 分析

（a）精炼前；（b）精炼后；（c）酸洗后

通过图 5-12 可以发现，图 5-12（a）中工业硅原料中杂质 Fe、Al、Ca 较多；吹气-造渣联合精炼后的硅样品（见图 5-12（b））可以发现杂质 Fe 没有去除作用，Al、Ca 杂质去除有一定的效果，非金属杂质 B 有很好的去除作用；对样品硅进行精炼及酸洗后（见图 5-12（c））可以看出杂质 Al、Fe、Ca 去除效果明显，由于杂质 B 在工业硅中的浓度极低，EPMA 很难分辨出酸洗后 B 的去除情况。

C　精炼渣的物相分析

对吹气（Ar-H_2O-O_2）-造渣（CaO-$CaCl_2$）联合精炼后所得到的精炼渣取样进行 XRD 物相分析，分析结果如图 5-13 所示。

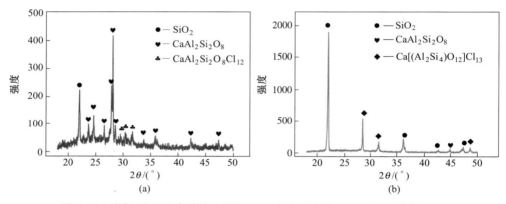

图 5-13　吹气-造渣联合精炼未添加 SiO_2（a）和添加 SiO_2（b）精炼 XRD

为了证明通过吹气氧化精炼能使部分的工业硅氧化生成 SiO_2，在相同的精炼条件下，额外添加了 44.4% SiO_2 渣进行精炼实验，实验后的精炼渣如图 5-13（b）所示。对比图 5-13（a）和图 5-13（b）可以发现，在峰强 20°~25°之间出现了一个共同的 SiO_2 峰，这说明吹气精炼能够使部分硅氧化生成中间产物 SiO_2。同时，添加 SiO_2 和未添加 SiO_2 精炼后的精炼渣相成分基本相同，基本是 SiO_2、$CaAl_2Si_2O_8$、$CaAl_2Si_2O_8Cl_2$ 和 $Ca[(Al_2Si_4)O_{12}]Cl_3$。XRD 物相图出现了含铝相，这是由于实验过程中刚玉坩埚和刚玉管溶解的 Al 进入渣中所致，挪威科技大学的 Jafar 等人[6]也提出了高温下 Al_2O_3 能分解 Al 的可能性。

5.3.1.2　不同 CaO/$CaCl_2$ 对除硼效果的影响

昆明理工大学伍继君等人[7,8]研究过吹气精炼除硼。实验得出，当 H_2O：O_2 体积比为 2 时，除硼效果最佳。因此，本实验保持吹入的气体 Ar：O_2：H_2O 气体流量比为 55：15：30，渣硅的质量比为 1，精炼温度 1823K，精炼时间为 3h。除硼的实验结果如图 5-14 所示。

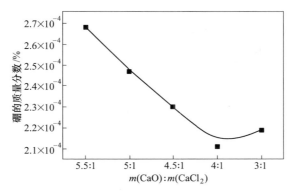

图 5-14 精炼硅中最终硼含量随 CaO/CaCl$_2$ 质量比的变化

从图 5-14 可以看出精炼硅中的硼含量随 CaCl$_2$ 增加而降低，当加入的 CaCl$_2$ 过量时，对硼的去除没有作用。在 CaO/CaCl$_2$ 质量比为 4 时，精炼硅中的硼浓度达到最低值 $2.1 \times 10^{-4}\%$。在 CaO/CaCl$_2$ 质量比值从 5.5 降低至 4 的过程中，CaCl$_2$ 含量逐渐增加，降低了熔渣的黏度，从而提高了渣和硅的流动性，促进渣和硅的反应，这有利于杂质硼生成 BOCl 气体挥发。当 CaO/CaCl$_2$ 质量比超过 4 时，继续增加 CaCl$_2$ 含量，由于渣硅的质量比一定，会导致渣中 CaO 的占比降低。由于硼的去除受碱度和氧势共同决定，CaO 降低必然导致碱度的降低，氧势和碱度就会失去平衡，最终不利于硼的去除。

5.3.1.3 不同渣硅质量比对除硼的影响

为了探究渣硅质量比对杂质硼的去除效果，实验保持 Ar：O$_2$：H$_2$O 气体流量比为 55：15：30，CaO/CaCl$_2$ 质量比为 4，精炼温度设定为 1823K，精炼时间为 3h。精炼后的除硼实验结果如图 5-15 所示。

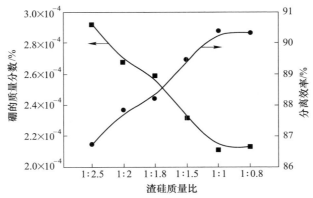

图 5-15 精炼硅最终硼含量和分离效率随渣硅质量比的变化

通过图 5-15 可以发现，渣硅质量比对工业硅中杂质硼的去除影响很大，精炼硅中的硼含量随着渣硅比的增加而降低，当渣硅比达到 1 时，精炼硅中的硼含量达到最低值为 $2.1×10^{-4}\%$，硼的去除率为 90.5%。精炼过程中增加渣的含量，渣和硅的接触概率就会提高，加速了渣和硅的反应，达到除硼的目的；当造渣剂的添加量达到一定量后，继续增加渣硅比，精炼硅中的硼浓度反而有微量的上升，除硼效率趋于平缓，这主要是因为精炼炉的装载能力是固定的，不断提高造渣剂的占比，工业硅的量便会降低，导致造渣剂的利用率降低，不利于硼的去除。同时，过多的精炼渣有可能给原料带来污染，在精炼过程中造成杂质硼回流至精炼硅中。因此，考虑到工业成本，精炼渣并不是越多越好，所需渣的量必须控制在合理的范围内。

5.3.1.4   不同精炼时间对除硼的影响

试验过程中保持吹入的混合气体 Ar：O_2：H_2O 流量比为 55：15：30，渣硅质量比为 1，精炼温度 1823K，$CaO/CaCl_2$ 质量比为 4。精炼时间设定为 1~3.5h，研究精炼时间对除硼效果的影响，实验结果如图 5-16 所示。

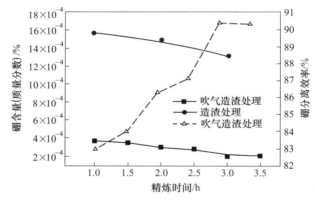

图 5-16   精炼硅中最终硼含量和分离效率随精炼时间的变化

从图 5-16 中可以发现，单独的 CaO-$CaCl_2$ 造渣精炼对杂质硼基本没有去除效果。杂质硼的含量仍然高于 $12×10^{-4}\%$。然而，采用造渣-吹气联合精炼方法，精炼硅中的硼含量随精炼时间的增加显著降低，当精炼 3h 后，精炼硅中的硼含量由 $22×10^{-4}\%$ 降低至 $2.1×10^{-4}\%$，去除效率也超过了 90%。很明显，造渣精炼再结合吹气精炼对杂质硼有协同去除的作用，杂质硼既能生成硼酸盐进入渣相去除，又能生成气态物质去除。因为，随着精炼时间的延长，不论是硅熔体中杂质硼向反应界面扩散，还是硼在反应界上发生的反应，或者是硼的生成物扩散至渣中和气相中，这 3 个过程都对杂质硼均有很好的去除效果。当精炼时间达到 3.5h

时，精炼硅中的硼浓度基本不变。这是因为随着时间的增加，杂质硼从硅中扩散到渣中的硼浓度驱动力降低，导致硼在硅相与渣相间浓度达到平衡，除硼的反应停止。另外，在吹气的过程中，硅表面会被氧化生成一种 SiO_2 钝化层，阻碍了硼的去除。

5.3.1.5　不同气体组成对除硼效果的影响

为研究气体组成对除硼效果的影响，实验过程中，保持渣硅质量比为1，精炼时间3h，$CaO/CaCl_2$ 质量比为4，精炼温度1823K，实验结果如图5-17所示。

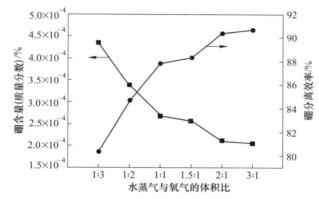

图5-17　精炼硅中最终硼含量和分离效率随气体组成的变化

从图5-17中可以发现，气体的组成对精炼除硼的效果影响较大。在吹入气体总量一定的情况下，加大水蒸气的通入比例，精炼硅中的硼含量降低明显，当吹入的 H_2O/O_2 体积比为2时，硼的去除率达到90.5%，精炼硅中的硼含量达到最小值为 $2.1 \times 10^{-4}\%$。由生成HBO气体的反应式（见式（5-13））可知，也满足 H_2O/O_2 的体积比为2，这与实验最佳的 H_2O/O_2 体积比一致。

$$[B] + 1/2H_2O(g) + 1/4O_2(g) \Longrightarrow HBO(g) \tag{5-13}$$

当 H_2O/O_2 的体积比较小时，除硼效果不佳，这是由于吹入大量 O_2，精炼过程中，硅熔体表面会被氧化生成过多的 SiO_2 钝化层，阻碍了反应的进行。同时吹入过多的 O_2 会导致硅损失严重，不利于生产需要。因此，当 H_2O/O_2 体积比为2时，除硼的效果最佳。

5.3.1.6　不同实验温度对除硼的影响

实验过程中保持吹入混合气体 $Ar：O_2：H_2O$ 的流量比为55：15：30，渣硅质量比为1，精炼时间3h，$CaO/CaCl_2$ 质量比为4。研究不同的精炼温度对除硼的影响，实验结果如图5-18所示。

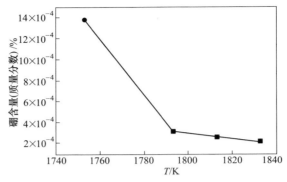

图 5-18　精炼硅中硼的最终含量随温度的变化

由图 5-18 可以看出，精炼温度对杂质硼的去除影响，除硼速率明显不及 $CaO/CaCl_2$ 质量比、渣硅质量比、精炼时间以及精炼气体组成等实验因素对杂质硼去除的影响。适当增加精炼温度，杂质硼的含量逐渐降低，但降低幅度不大。从 1793K 的 $3.1×10^{-4}$% 降低到 1833K 的 $2.15×10^{-4}$%。适当提高温度有利于杂质硼的去除，这是由于熔渣的黏度较大，当精炼温度较低时如 1753K，熔渣的流动性不好，无法与硅充分地接触，这样就降低了 Si 中杂质 B 和熔渣发生反应的可能性。当温度较高时，在 1793K 熔渣和熔体 Si 都具有很好的流动性，杂质 B 更有可能和造渣剂接触并发生反应。此外，精炼温度的提高还有助于提高杂质硼在渣-硅界面处氧化反应的速率。

5.3.1.7　酸洗对除硼效果的影响

对 $CaO/CaCl_2$ 质量比为 4，渣硅质量比为 1，精炼时间 3h，$H_2O(g)/O_2$ 流量比为 2，精炼温度为 1823K 的精炼条件所得到的最佳精炼硅样品（精炼硅中硼含量为 $2.1×10^{-4}$%）进一步酸洗提纯处理。酸洗条件及酸洗结果分别见表 5-1 和图 5-19 所示。

表 5-1　不同条件下的酸洗

细化硅的	混酸/%			液固比	温度	时间/h
粒度 Si/μm	HF	HCl	H_2O		/℃	
100	10	10	80	6:1	70	5

由图 5-19 可知，工业硅中的硼含量由 $22×10^{-4}$% 经吹气-造渣联合精炼后硅含量由 $2.1×10^{-4}$% 显著地降低至 $1.2×10^{-4}$%。酸洗后精炼硅中杂质硼总的去除率由 90.5% 升至 94.5%。这是因为，F^- 能与精炼硅表面发生化学反应，硅表面会被腐蚀呈多孔结构，这有利于固溶在 Si 中的杂质 B 暴露出来，提高硼的去除概率。此外，

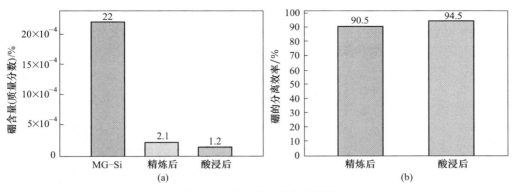

图 5-19 酸洗对硼的分离效果

（a）精炼硅中硼最终含量；（b）精炼硅中硼的分离效率

工业硅进行单独的酸洗效果不佳，但是加入含 Ca 渣再进行酸洗，硼的去除效率会显著提高。因此，增加对精炼硅的酸洗，有利于精炼硅中杂质硼的进一步去除。

5.3.2 联合精炼过程中添加 SiO₂ 对除硼的影响

5.3.2.1 熔渣精炼后的样品分析

A 熔渣精炼后的渣硅分离效果

熔渣精炼后，对精炼后的样品用金刚石线切割机剖开，观察渣和硅的分离效果，如图 5-20 所示。

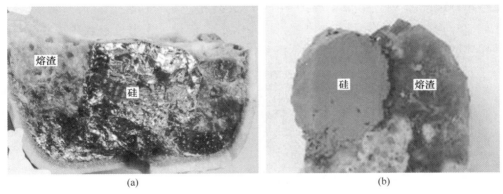

图 5-20 熔渣精炼后的样品

（a）剖面图；（b）截面图

由图 5-20 可以看出，熔渣精炼后渣硅有很好的分离效果，精炼硅基本聚集在坩埚中间，而精炼渣则分布在精炼硅的四周。与吹气-造渣联合精炼的效果

图 5-13 相比，造渣精炼与吹气-造渣联合精炼后的渣硅分离都有很好的效果，熔渣精炼后（见图 5-20 (b)）仍有部分硅掺杂在渣中，而吹气-造渣联合精炼后的渣硅分离效果相对较好，这主要是因为吹入的气体对熔渣有很好的搅拌分离作用。

B   精炼硅的微观形貌分析

将工业硅原料、精炼硅样品、酸洗后的精炼硅样品分别切片、打磨、抛光后进行 SEM-EDS 微观形貌分析，微观结构如图 5-21 所示。

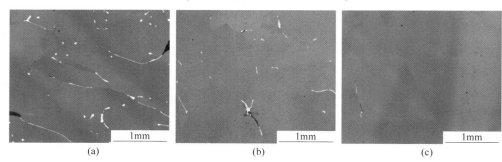

(a)　　　　　　　　　(b)　　　　　　　　　(c)

图 5-21   精炼硅的 SEM 图

（a）原始硅；（b）熔渣精炼后硅；（c）酸洗后精炼硅

由图可知造渣精炼后的硅比原始硅中的杂质有所减少，但仍然有许多亮白色的杂质相富集在主体硅相中，经过酸洗后的精炼硅中亮白色杂质基本去除，主体显示为硅相。这说明酸洗对工业硅中的金属杂质有很好去除作用。

图 5-22 所示为原始硅的 EDS，图 5-23 所示为精炼硅样品的 EDS，图 5-24 所示为精炼硅样品进行酸洗后的 EDS。通过图 5-22～图 5-24 可以看出，杂质相主要分为两种相。亮白色区域主要为 Fe-Si-Ti 夹杂相，其中也包含少量的杂质 Al、Ca、Zr、Mn 等；暗色区域主要为 Ni-Al-Si-Zr 夹杂相，其中也包含少量的杂质 Fe。黑色区域则主要是主体 Si 相；对比图 5-23 可以看出，熔渣精炼对金属杂质

(a)

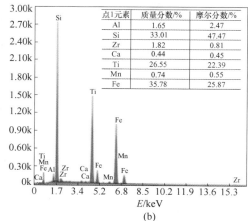

点1元素	质量分数/%	摩尔分数/%
Al	1.65	2.47
Si	33.01	47.47
Zr	1.82	0.81
Ca	0.44	0.45
Ti	26.55	22.39
Mn	0.74	0.55
Fe	35.78	25.87

(b)

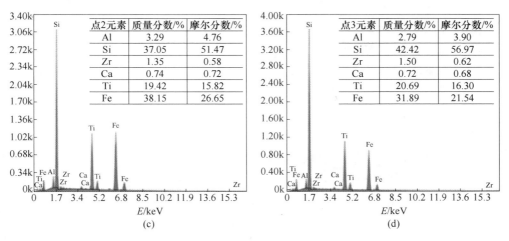

图 5-22 原始硅 EDS

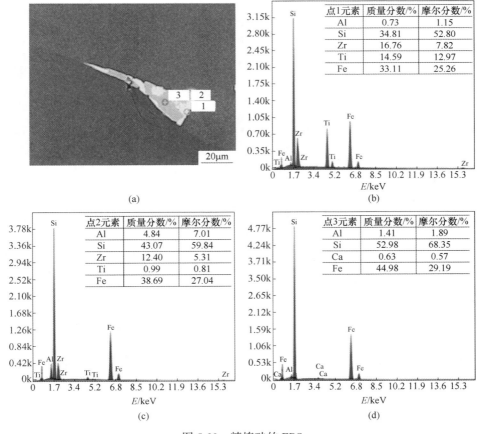

图 5-23 精炼硅的 EDS

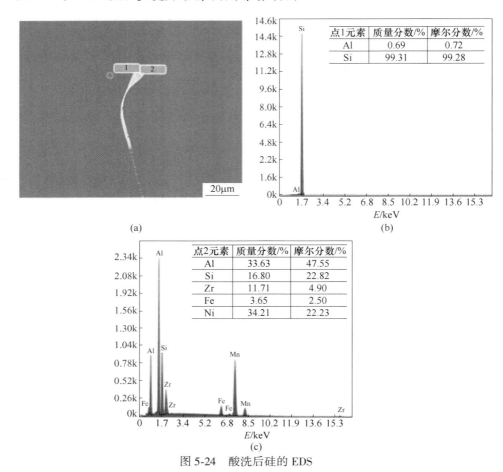

图 5-24 酸洗后硅的 EDS

相去除不明显，精炼后仍有较多的杂质富集在 Si 相中；对比酸洗前后的 EDS 可以发现，酸洗后的金属杂质去除效果明显，只有少量的 Si-Ni-Al 金属夹杂相富集在晶界上。

为了更加直观地观察精炼后和酸洗后的精炼硅中各杂质的分布，对样品再做了 EPMA 分析，结果如图 5-25 所示。

对比图 5-25 （a） 和图 5-25 （b） 熔渣精炼后杂质 Al 的含量减少明显，其次对杂质 Ti 也有一定的去除作用，杂质 Fe 基本没有去除效果，这符合金属杂质与 SiO_2 反应的标准吉布斯自由能的热力学规律，杂质 Ca 经过熔渣精炼后含量却有所增加，是因为加入了大量的含 Ca 渣，由于浓度差的作用，在凝固过程中渣中 Ca 回流至精炼硅中。对比酸洗后的图 5-25 （c） 与原始硅的图 5-25 （a） 及精炼硅的图 5-25 （b） 可以发现，金属杂质 Fe、Ca、Al、Ti 经过酸洗后均大量减少，说明酸洗能很好地去除金属杂质；杂质 B 含量过低，电子探针无法检测。

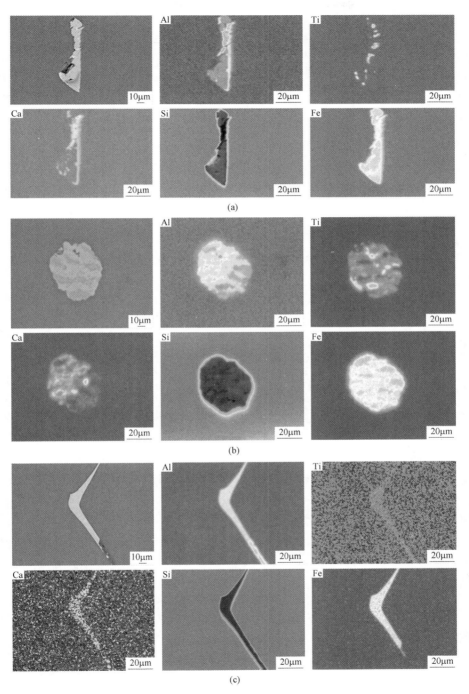

图 5-25　精炼硅 EPMA

（a）原始硅；（b）造渣精炼硅；（c）酸洗后硅

C   精炼渣的物相分析

对精炼渣及精炼硅分别做 XRD 物相分析，分析结果如图 5-26 所示。

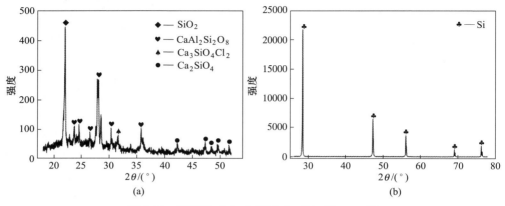

图 5-26   精炼渣（a）和精炼硅（b）的 XRD 图

图 5-26（a）所示为单独熔渣精炼后 XRD 图，与吹气-熔渣精炼后的精炼渣的物相种类基本一致，主要包括 SiO_2、$CaAl_2SiO_8$、$Ca_3SiO_4Cl_2$、Ca_2SiO_4 相，其中也出现了含铝相，这可能是使用了刚玉坩埚和刚玉管的原因。出现的 Ca_2SiO_4 相，主要是因为渣中的碱性 CaO 能与酸性 SiO_2 发生如下反应：

$$2CaO + SiO_2 = Ca_2SiO_4 \tag{5-14}$$

同时，精炼渣中出现了 SiO_2 相和含氯相，这主要是为了能保证渣和硅完全反应。图 5-26（b）所示为精炼硅的 XRD，可以看出基本是 Si 相。

5.3.2.2 CaO/SiO_2 质量比对除硼效果的影响

熔渣精炼过程中保持 $CaO/CaCl_2$ 的质量比为 2，精炼时间 3h，渣硅质量比为 1，精炼温度 1823K。研究向 $CaO-CaCl_2$ 的混合渣中添加第三种氧化性渣 SiO 对杂质硼去除效果的影响，实验结果如图 5-27 所示。

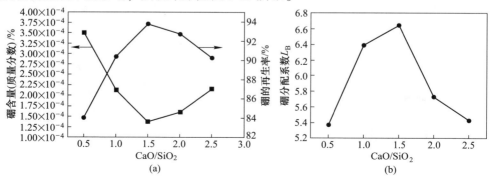

图 5-27   CaO 与 SiO_2 质量比对杂质硼分配系数的影响

由图 5-27（a）可以看出 CaO 与 SiO₂ 的质量比对工业硅中杂质硼的去除影响较大。随着 SiO₂ 添加量的增加除硼效果显著提高，当 CaO/SiO₂ 质量比为 1.5 时，精炼硅中的硼含量达到最低值 1.37×10^{-6}，硼的去除效率达到 93.77%。继续增加 SiO₂ 的占比，除硼效率降低。这主要是因为精炼炉装入渣的量是固定的，SiO₂ 添加量增加会降低 CaO 的量，由于杂质硼的去除受碱度和氧势共同决定，当 SiO₂ 量过多，降低了 CaO 与 B_xO_y 的反应速率。因此，除硼效果下降。

从图 5-27（b）可以看出，杂质硼的分配系数先上升后下降。在 CaO/SiO₂ 质量比为 1.5 时，L_B 达到最大值为 6.7。继续增加 CaO/SiO₂ 的质量比值，导致 SiO₂ 的活性降低，除硼效果也随之降低，这必然导致 L_B 值降低。因此，当向 CaO-CaCl₂ 二元渣中添加 SiO₂ 的量满足 CaO：SiO₂：CaCl₂ 的质量比为 2：1.33：1 时除硼效果最佳。

5.3.2.3 渣硅比对除硼效果的影响

熔渣精炼中保持 CaO：SiO₂ 的质量比为 1.5，精炼时间 3h，精炼温度 1823K。研究渣硅质量比对除硼效果的影响，实验结果如图 5-28 所示。

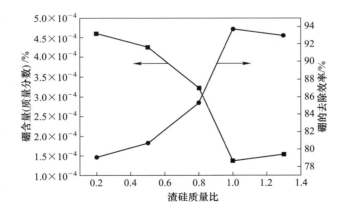

图 5-28 最终的硼含量和硼的去除效率随渣硅比的变化

从图 5-28 看出，单独的熔渣精炼与吹气-熔渣联合精炼除硼趋势是一致的，都是随着渣硅质量比的增加，杂质硼含量逐渐降低。当渣硅质量比为 1 时，除硼效果达到最佳的 93.77%，除硼效率优于不添加 SiO₂ 精炼的吹气-熔渣精炼除硼。当继续提高渣的量，精炼硅中硼的含量上升至 4.54×10^{-4}%。这说明，渣硅质量比并不是越高越好，当超过某一极限后，渣的增多反而不利于除硼。当渣硅质量比低时，渣和硅反应不充分，除硼效率过低时；而当渣硅质量比过大时，会给工业硅带来污染。

5.3.2.4 精炼时间对除硼效果的影响

实验研究精炼时间对工业硅中杂质硼的去除影响，精炼时间 0.5~3.5h。精炼过程中保持 CaO/SiO$_2$ 的质量比为 1.5，渣硅质量比为 1，精炼温度 1823K，实验结果如图 5-29 所示。

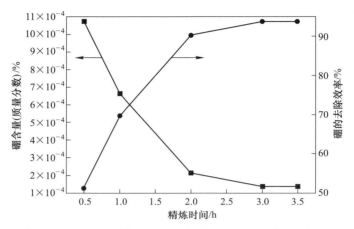

图 5-29 最终的硼含量和硼的去除效率随精炼时间的变化

由图 5-29 可以看出，随着精炼时间的延长，硅中的硼含量明显降低，除硼效果显著提高。当精炼时间从 0.5h 提高到 3h 时，冶金级硅中的 B 含量可以从 22×10^{-4}% 分别降低至 10.74×10^{-4}% 和 1.37×10^{-4}%。当精炼时间延长至 3.5h 时，精炼硅中杂质硼含量基本不变。精炼时间的延长，保证了造渣剂和杂质 B 的充分反应，杂质 B 被氧化去除也就越彻底。当精炼时间超过一定范围后，杂质硼在工业硅和渣之间的含量会达到平衡。从动力学角度分析可知，随着反应的进行，硼在渣和硅间的扩散速率均会降低直至扩散停止。因此，考虑到工业生产成本，当精炼时间为 3h 时，除硼的效果达到最佳。

5.3.2.5 酸洗对杂质的去除影响

选取精炼硅样品进行酸洗实验，酸洗条件见表 5-1，实验结果如图 5-30 所示。

从图 5-30 可以看出，造渣精炼对金属杂质的去除效果较差，但经过酸洗后杂质 B、Al、Ti、Fe、Ca 去除效果提高。B 含量由 22×10^{-6} 降低至 0.81×10^{-6}，总的去除率为 96.32%；金属杂质 Fe、Al、Ti 和 Ca 的含量分别由 4209×10^{-6} 降低至 205×10^{-6}、1059×10^{-6} 降低至 27×10^{-6}、444×10^{-6} 降低至 20×10^{-6}、320×10^{-6} 降低至 90×10^{-6}，总的去除效率分别达到了 95.14%、97.45%、95.48% 和 71.88%。

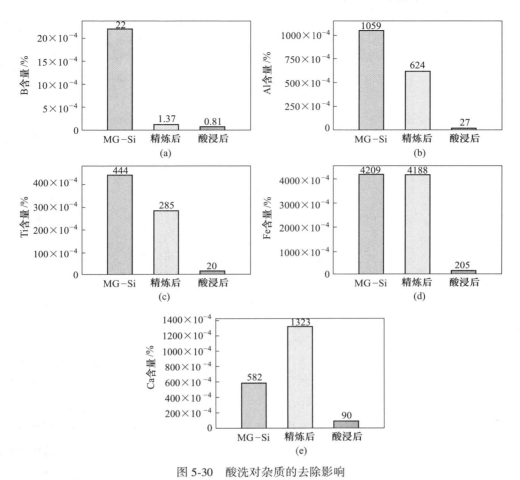

图 5-30 酸洗对杂质的去除影响

(a) B; (b) Al; (c) Ti; (d) Fe; (e) Ca

工业硅通过熔渣精炼后，金属杂质主要偏析在晶界处，对精炼硅进行研磨，硅粒主要沿着晶界处破碎。因此，在酸洗时，HF-HCl 能与暴露在晶界表明处的大量金属杂质发生化学反应去除。同时，部分可溶性硼也会暴露在出来，通过酸洗进一步去除。

5.3.2.6 气体流量比对除硼效果的影响

实验中保持 CaO/SiO_2 的质量比为 1.5（$CaO : SiO_2 : CaCl_2$ 的质量比为 $2 : 1.33 : 1$），渣硅质量比为 1，精炼温度 1823K，精炼时间 3h。研究水蒸气与氧气的体积比对除硼效果的影响，实验结果如图 5-31 所示。

由图 5-31 可知，对比单独的熔渣精炼，吹气-熔渣联合精炼对杂质硼有更好

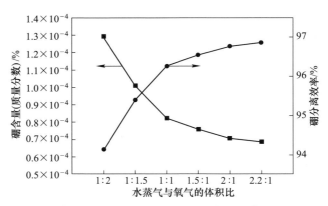

图 5-31   精炼硅中最终硼含量和分离效率随气体组成的变化

的去除效果。精炼硅中杂质硼含量随水蒸气占比增加而降低,这与图 5-17 结果的趋势相同。水蒸气在碱性条件下可分解成 H^+ 和 OH^-,这有利于 HBO 气体的挥发去除。但硼的去除也受到氧势的影响,由于吹入气体的量一定,水蒸气的增加会导致氧气降低,杂质硼被氧化去除的效率便会降低。所以在水蒸气与氧气的体积比为 2 时,除硼效果最佳 96.77%,杂质硼含量达到最低值 $0.71×10^{-4}$%。同时,挪威科技大学的研究得出,水蒸气的增加也会导致硅的损失。另外,部分硅除了能被氧气氧化外,也会被水蒸气氧化生成 SiO,新生成的 SiO 会进一步被氧化生成 SiO_2 钝化层,阻碍除硼反应。

$$[Si] + H_2O \Longrightarrow SiO + H_2 \tag{5-15}$$

$$H_2O + SiO \Longrightarrow SiO_2(l) + H_2 \tag{5-16}$$

$$SiO_2(l) \Longrightarrow SiO_2(s) \tag{5-17}$$

对比图 5-17 和图 5-31 还能看出,添加 SiO_2 的吹气联合熔渣（CaO-$CaCl_2$-SiO_2）精炼除硼的效果明显高于未添加 SiO_2 的吹气联合熔渣（CaO-$CaCl_2$）精炼除硼的效果,主要是因为添加的 SiO_2 能够与 B 发生以下反应:

$$[B] + 3/4SiO_2 + 3/2CaO \Longrightarrow 3/2CaO \cdot 1/2B_2O_3 \tag{5-18}$$

5.3.2.7   精炼温度对除硼效果的影响

从图 5-32 可以看出,适当增加精炼温度,工业硅中杂质硼的含量会逐渐降低。温度在 1773~1803K 之间,精炼硅中硼含量较高,这可能是精炼温度过低,精炼渣未完全融化,导致渣的流动性不好,影响渣硅没有发生完全反应。当温度达到 1823K 时,精炼硅中的硼含量有明显的降低趋势,从 $1.4×10^{-4}$% 降低至 $0.71×10^{-4}$%。在 1823~1843K 间精炼硅中杂质硼含量去除效率又缓慢降低,硅中硼含量从 1823K 的 $0.71×10^{-4}$% 降低到 1843K 时的 $0.6×10^{-4}$%。升高温度,熔渣和硅能具有更好的流动性，使渣和硅能更充分地接触反应，更能促进杂质 B 生成 HBO、BOCl 等气体。但是温度过高也大大提高了生产成本。因此，把精炼温度控制在 1823K 作为精炼的最佳温度。

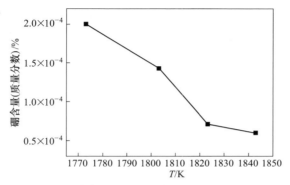

图 5-32　精炼硅中硼的最终含量随温度的变化

5.3.3　向硅中添加氧化造渣剂

本实验采用的方法是向硅中添加氧化造渣剂，将温度升高至精炼温度时，向熔融硅熔体中通入 O_2、$H_2O(g)$、$H_2O(g)$-O_2 对冶金级硅进行除硼、磷实验研究。所使用的实验原料与造渣精炼实验相同，实验方案见表 5-2。

表 5-2　炉外吹气-熔渣联合精炼除硼、磷实验方案

序号	熔渣组成/%			气体组成/%			气体总流量 /mL·min⁻¹	吹气时间 /h	精炼温度 /℃
	CaO	SiO₂	CaCl₂	Ar	O₂	H₂O			
1	50	50	0	60	40	0	100	3	1550
2	45	45	10	60	40	0	100	3	1550
3	37.5	37.5	25	60	40	0	100	3	1550
4	40	40	20	60	40	0	100	3	1550
5	42.5	42.5	15	60	40	0	100	1	1550
6	42.5	42.5	15	60	40	0	100	2	1550
7	42.5	42.5	15	60	40	0	100	3	1550
8	50	50	0	50	0	50	100	3	1550
9	45	45	10	50	0	50	100	3	1550
10	37.5	37.5	25	50	0	50	100	3	1550
11	40	40	20	50	0	50	100	3	1550
12	42.5	42.5	15	50	0	50	100	1	1550

序号	熔渣组成/%			气体组成/%			气体总流量 /mL·min^{-1}	吹气时间 /h	精炼温度 /℃
	CaO	SiO$_2$	CaCl$_2$	Ar	O$_2$	H$_2$O			
13	42.5	42.5	15	50	0	50	100	2	1550
14	42.5	42.5	15	50	0	50	100	3	1550
15	42.5	42.5	15	40	50	10	100	3	1550
16	42.5	42.5	15	40	40	20	100	3	1550
17	42.5	42.5	15	40	30	30	100	3	1550
18	42.5	42.5	15	40	20	40	100	3	1550
19	42.5	42.5	15	40	10	50	100	3	1550
20	42.5	42.5	15	40	20	40	100	0.5	1550
21	42.5	42.5	15	40	20	40	100	1	1550
22	42.5	42.5	15	40	20	40	100	2	1550
23	42.5	42.5	15	40	20	40	100	4	1550
24	42.5	42.5	15	40	20	40	10	3	1550
25	42.5	42.5	15	40	20	40	25	3	1550
26	42.5	42.5	15	40	20	40	50	3	1550
27	42.5	42.5	15	40	20	40	200	3	1550

5.3.3.1　Ar-O$_2$ 与熔渣联合精炼对硼、磷去除效果的影响

本实验是向冶金级硅中添加 CaO-SiO$_2$-CaCl$_2$ 系造渣剂，对硅熔体进行吹 Ar-O$_2$ 的吹气-熔渣联合精炼除硼、磷研究，渣硅总质量为 160g，精炼温度 1550℃，精炼时间 3h，得到实验结果见表 5-3，造渣精炼除磷实验结果见表 5-4。

表 5-3　吹入不同流量 Ar-O$_2$ 的吹气-熔渣联合精炼实验结果

序号	熔渣组成/%			气体组成/%		气体总流量 /mL·min^{-1}	吹气时间 /h	硅中硼含量 (质量分数) /%	硅中磷含量 (质量分数) /%
	CaO	SiO$_2$	CaCl$_2$	Ar	O$_2$				
1	50	50	0	60	40	100	3	2.85×10^{-4}	55.66×10^{-4}
2	45	45	10	60	40	100	3	2.27×10^{-4}	57.20×10^{-4}
3	37.5	37.5	25	60	40	100	3	2.07×10^{-4}	56.84×10^{-4}
4	40	40	20	60	40	100	3	2.09×10^{-4}	58.15×10^{-4}
5	42.5	42.5	15	60	40	100	1	2.21×10^{-4}	59.04×10^{-4}
6	42.5	42.5	15	60	40	100	2	1.97×10^{-4}	57.43×10^{-4}
7	42.5	42.5	15	60	40	100	3	1.94×10^{-4}	56.42×10^{-4}

表 5-4 造渣精炼除磷的实验结果

序号	熔渣组成/%			精炼时间 /h	精炼温度 /℃	反应后硅中磷含量 （质量分数)/%	去除率 /%
	CaO	SiO$_2$	CaCl$_2$				
1	42.5	42.5	15	1	1550	60.46×10^{-4}	5.5%
2	42.5	42.5	15	2	1550	59.68×10^{-4}	6.8%
3	42.5	42.5	15	3	1550	58.22×10^{-4}	9.0%
4	42.5	42.5	15	3	1450	61.39×10^{-4}	4.1%
5	42.5	42.5	15	3	1500	58.62×10^{-4}	8.4%
6	47.5	47.5	5	3	1550	57.50×10^{-4}	10.2%
7	37.5	37.5	25	3	1550	58.34×10^{-4}	8.8%
8	50	50	0	3	1550	60.37×10^{-4}	5.7%

通过表 5-3 与表 5-4 的实验结果进行对比，发现在同样加入 50%CaO-50%SiO$_2$ 二元渣系，精炼时间为 3h 的条件下对冶金级硅进行造渣精炼除磷研究，吹入 Ar-O$_2$ 混合气体进行吹氧-熔渣联合精炼后，硅中磷的去除率从 5.7% 提升至 13%。

5.3.3.2 Ar-H$_2$O(g) 与熔渣联合精炼对硼、磷去除效果的影响

本实验在添加 CaO-SiO$_2$-CaCl$_2$ 造渣剂的基础上，对硅熔体进行吹 Ar-H$_2$O(g) 的吹气-熔渣联合精炼除硼、磷研究，得到实验结果见表 5-5。

表 5-5 吹入不同流量 Ar-H$_2$O(g) 的吹气-熔渣联合精炼实验结果

序号	熔渣组成/%			熔渣组成/%		气体总流量 /mL·min^{-1}	吹气时间 /h	硅中硼含量 （质量分数) /%	硅中磷含量 （质量分数) /%
	CaO	SiO$_2$	CaCl$_2$	Ar	H$_2$O				
1	50	50	0	50	50	100	3	2.94×10^{-4}	41.55×10^{-4}
2	45	45	10	50	50	100	3	2.77×10^{-4}	42.15×10^{-4}
3	37.5	37.5	25	50	50	100	3	2.37×10^{-4}	45.71×10^{-4}
4	40	40	20	50	50	100	3	2.42×10^{-4}	42.80×10^{-4}
5	42.5	42.5	15	50	50	100	1	2.81×10^{-4}	44.85×10^{-4}
6	42.5	42.5	15	50	50	100	2	2.67×10^{-4}	43.10×10^{-4}
7	42.5	42.5	15	50	50	100	3	2.44×10^{-4}	40.12×10^{-4}

从表 5-5 可以看出，吹入 Ar-H$_2$O(g) 混合气体对冶金级硅进行炉外吹氧-熔渣联合精炼后，除硼、磷效果随吹气时间延长越来越好，在吹气时间达 3h 时，硅中硼、磷含量分别为 2.44×10^{-4}% 和 40.12×10^{-4}%。而当 SiO$_2$-CaO-CaCl$_2$ 熔渣中 CaCl$_2$ 的比例减少时，熔渣中 CaO 的含量增加与生成的磷的酸性氧化物结合形

成磷酸盐而进入到渣相中，从而对磷进行去除，降低了硅中磷含量，当熔渣组成为 $50\%SiO_2$-$50\%CaO$ 时，硅中磷的去除率为 35.1%。

5.3.3.3 Ar-$H_2O(g)$-O_2 与熔渣联合精炼对硼、磷去除效果的影响

A 气体组成的影响

在吹气-熔渣联合精炼实验中，添加 $42.5\%CaO$-$42.5\%SiO_2$-$15\%CaCl_2$ 造渣剂，保持 Ar-$H_2O(g)$-O_2 总流量为 100mL/min，分别改变 $H_2O(g)$ 和 O_2 在混合气体中的比例来研究不同 $H_2O(g)/O_2$ 的配比对硅中硼、磷含量的影响，实验结果见表 5-6。

表 5-6 不同 $H_2O(g)/O_2$ 配比（体积分数）的吹气-熔渣联合精炼实验结果

序号	气体组成/%			吹气时间/h	气体总流量/mL·min⁻¹	硅中硼含量（质量分数）/%	硅中磷含量（质量分数）/%
	Ar	H_2O	O_2				
1	40	10	50	3	100	2.05×10^{-4}	46.24×10^{-4}
2	40	20	40	3	100	1.27×10^{-4}	42.75×10^{-4}
3	40	30	30	3	100	1.17×10^{-4}	38.49×10^{-4}
4	40	40	20	3	100	0.75×10^{-4}	34.15×10^{-4}
5	40	50	10	3	100	2.21×10^{-4}	33.30×10^{-4}

由表 5-6 的实验数据作图，如图 5-33 所示。

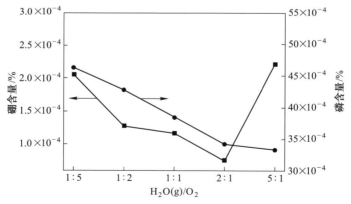

图 5-33 吹入不同 H_2O/O_2 与硅中硼、磷含量的关系

从实验结果可以看出，在 $H_2O(g)$-O_2 流量一定的情况下，加大水蒸气的通入比例，硅中硼含量逐渐降低，当 $H_2O(g)/O_2$ 为 2 时，硼的去除率达到最高值 95%，当 $H_2O(g)/O_2$ 超过 2 时，增加水蒸气的通入量时，反而会使硅中硼含量增加，而向硅熔体中继续增加水蒸气通入量，可以适当提高硅中磷的去除率，但

不利于硼的去除。因此，在通入 $Ar-H_2O-O_2$ 混合气体进行精炼除硼、磷时，通过调控湿氧的组成，可以找到同时去除硅中硼、磷杂质最优的水蒸气和氧气的配比。

B 吹气时间的影响

在吹气-熔渣联合精炼实验中，添加 42.5%CaO-42.5%SiO$_2$-15%CaCl$_2$ 造渣剂，保持 $Ar-H_2O(g)-O_2$ 总流量为 100mL/min，改变吹气时间来研究不同 $H_2O(g)/O_2$ 的配比对硅中硼、磷含量的影响，实验结果见表5-7。

表 5-7 不同吹气时间的吹气-熔渣联合精炼实验结果

序号	气体组成/%			吹气时间 /h	气体总流量 /mL·min^{-1}	硅中硼含量 （质量分数） /%	硅中磷含量 （质量分数） /%
	Ar	H$_2$O	O$_2$				
1	40	40	20	0.5	100	$3.25×10^{-4}$	$47.51×10^{-4}$
2	40	40	20	1	100	$2.17×10^{-4}$	$44.90×10^{-4}$
3	40	40	20	2	100	$1.29×10^{-4}$	$38.85×10^{-4}$
4	40	40	20	3	100	$0.75×10^{-4}$	$34.15×10^{-4}$
5	40	40	20	4	100	$1.05×10^{-4}$	$32.68×10^{-4}$

由表 5-7 的实验数据作图，如图 5-34 所示。

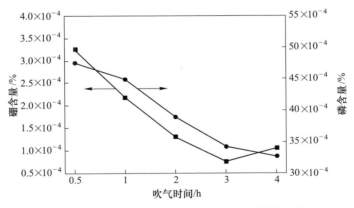

图 5-34 不同吹气时间与硅中硼、磷含量的关系

在高温电阻炉中进行炉外吹气-熔渣联合精炼实验时，气体的加入既起到了氧化作用又起到了很好的搅拌作用，由图 5-34 可以看出，通气时间低于 3h 时，硅中的硼、磷含量随着时间的增加而减少，去除效率逐渐增加；通气时间 3h 时，硅中硼含量达到最低值为 $0.75×10^{-4}$%，硼的去除效果达到最佳；通气 3h 后，适当延长通气时间，硅中硼含量有所上升，硅中磷含量的降低程度越来越小，说明通气时间保持在 3h 的条件下，更能兼顾硅中杂质硼、磷的去除。

C 气体流量的影响

在吹气-熔渣联合精炼实验中，添加 42.5%CaO-42.5%SiO$_2$-15%CaCl$_2$ 造渣剂，改变吹入混合气体 Ar-H$_2$O-O$_2$ 的总流量研究气体总流量对硅中硼、磷含量的影响，实验结果见表5-8。

表5-8 不同吹气流量的吹气-熔渣联合精炼实验结果

序号	气体组成/%			吹气时间 /h	气体总流量 /mL·min^{-1}	硅中硼含量（质量分数）/%	硅中磷含量（质量分数）/%
	Ar	H$_2$O	O$_2$				
1	40	40	20	3	10	2.95×10^{-4}	50.51×10^{-4}
2	40	40	20	3	25	2.63×10^{-4}	47.78×10^{-4}
3	40	40	20	3	50	1.69×10^{-4}	43.56×10^{-4}
4	40	40	20	3	100	0.75×10^{-4}	39.35×10^{-4}
5	40	40	20	3	200	1.67×10^{-4}	33.28×10^{-4}

由表5-8的实验结果作图，如图5-35所示。

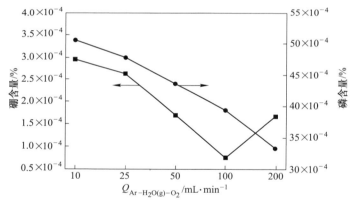

图 5-35 不同吹气流量与硅中硼、磷含量的关系

在炉外吹气-熔渣联合精炼实验中，吹入 Ar-H$_2$O(g)-O$_2$ 混合气体流量越大意味着气体对硅熔体的搅拌强度越大，当通气流量为 100mL/min 时，对硅中硼的去除效果很明显；当通气流量为 200mL/min 时，硅中磷的含量降低至 33.28×10^{-4}%，硅中硼含量有所反弹，由于通气量的增加，吹入的 O$_2$ 也增多，硅被氧化的程度增大，生成的氧化物杂质也随之增加，导致硅的损失率变大，硅中硼含量增加。

通过炉外吹气-熔渣联合精炼实验可以看出，由于气体和熔渣的同时加入，杂质硼、磷能以气态化合物的形式高效挥发，又能利用高碱度熔渣对杂质硼、磷的氧化和吸收作用，提高硅的纯度。更重要的是，湿氧作用过程产生的硅氧化物能促进熔渣对杂质硼的氧化,而熔渣对硼氧化物的吸收也能加速气态硼化物的生成与挥发,从而达到湿氧与熔渣联合精炼除硼、磷的目的。

5.3.3.4 精炼后渣硅物相与形貌分析

本实验是向冶金级硅中添加 42.5%CaO-42.5%SiO$_2$-15%CaCl$_2$ 造渣剂,对冶金级硅熔体进行吹 40%Ar-40%H$_2$O-20%O$_2$ 的炉外吹气-熔渣精炼实验,渣硅总质量为 160g,精炼温度 1550℃,精炼时间 3h,得到精炼样品如图 5-36 所示。

图 5-36 640%Ar-40%H$_2$O-20%O$_2$ 吹气-熔渣精炼后所得样品图

由于吹入气体,对硅溶液起到了搅拌作用,从图 5-36 可以看出,精炼后的样品中硅主要富集在中部,渣分布于硅的周围,渣硅分离效果较好。取本组实验样品的渣进行制样并进行 XRD 分析,得到结果如图 5-37 所示。

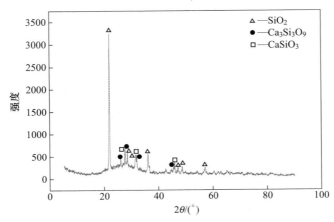

图 5-37 40%Ar-40%H$_2$O-20%O$_2$ 吹气-熔渣精炼后渣的 XRD 图谱

从图 5-37 可以看出，最强的峰对应的是 SiO_2，还有几个次峰对应的是 $Ca_3(Si_3O_9)$ 和 $CaSiO_3$。

将实验原料硅和 40%Ar-40%H_2O-20%O_2 吹气-熔渣精炼后所得的样品硅块进行扫描电镜 SEM 和能谱分析检测，如图 5-38~图 5-40 所示。

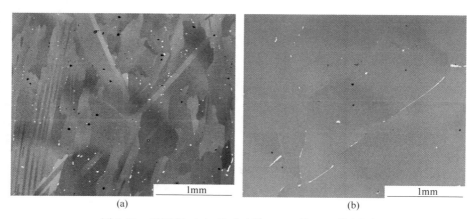

图 5-38　硅原料（a）和硅产物（b）的 SEM 检测图

通过原料硅和炉外吹气-熔渣精炼后硅产物的表面形貌 SEM 图分析可以看出，硅原料中杂质较多且很分散，经过炉外吹气-熔渣精炼后，硅中杂质较少且多富集在硅的晶界处，这对后续的冶金法提纯工序十分有利。从吹气-熔渣精炼后硅产物样品取了 4 个区域，如图 5-39 所示，做了能谱分析，如图 5-40所示。

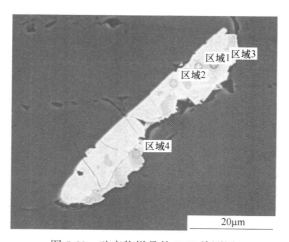

图 5-39　硅产物样品的 SEM 检测图

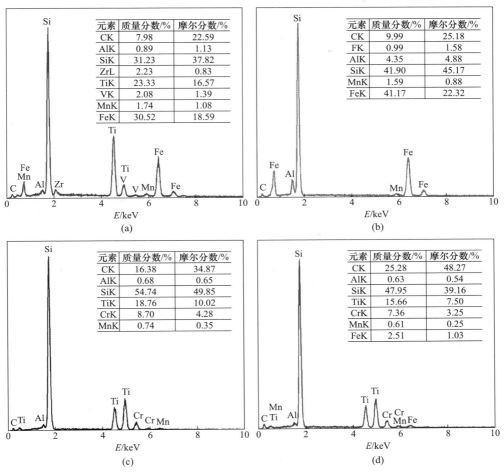

图 5-40 硅产物样品的能谱 EDS 图

（a）区域 1；（b）区域 2；（c）区域 3；（d）区域 4

从区域 1 能谱图可以看出，亮白色区域为主要杂质超过三成的 Fe 和超过两成的 Ti；区域 2 为浅灰色，C 和 Fe 的比例都超过两成；区域 3 为深灰色，C 和 Ti 的总比例超过三成，也含有 8.7% 的 Cr；区域 4 为灰色，C 含量达 25.28%，Ti 含量为 15.66%。在进行吹气-熔渣联合精炼实验时，向硅中加入 42.5%CaO-42.5% SiO_2-15%$CaCl_2$ 三元系造渣剂，随着混合气体中水蒸气比例的增加、吹气时间的延长以及气体流量的增大，杂质硼、磷的去除效率也相应提高。在气体总流量为 100mL/min 的 40%Ar-40%H_2O-20%O_2 混合气体中同时加入组成为 42.5%CaO-42.5%SiO_2-15%$CaCl_2$ 的熔渣，在 1550℃ 进行吹气精炼时，3h 后硅中硼和磷含量可分别降低至 0.75×10^{-4}% 和 34.15×10^{-4}%，去除率分别达到 95% 和 47%。

参 考 文 献

[1] Wu J J, Bin Y, Dai Y N, et al. Boron removal from metallurgical grade silicon by oxidizing refining [J]. Transactions of Nonferrous Metals Society of China, 2009, 19 (2): 463~467.

[2] Fujiwara H, Otsuka R, Wada K, et al. Silicon purifying method, slag for purifying silicon and purified silicon, cpan, 066523 [P]. 2003

[3] Tanahashi M. Removal of boron from metallurgical-grade silicon by applying cav-based flux treatment [C] //International Symposium on Metallurgical and Materials Processing: Principles and Technologyes, San Diego, California, 2003: 613~624.

[4] Wang F, Wu J J, Ma W H. Removal of impurities from metallurgical grade silicon by addition of ZnO to calcium silicate slag [J]. Separation & Purification Technology, 2016, 170: 248~255.

[5] Wu J J, Xia Z, Ma W H. Effect of zinc oxide addition in slag system and heating manner on boron removal from metallurgical grade silicon [J]. Materials Science in Semiconductor Processing, 2017, 57: 59~62.

[6] Safarian J, Tang K, Olsen J E. Mechanisms and kinetics of boron removal from silicon by humidified hydrogen [J]. Metallurgical & Materials Transactions B, 2016, 47 (2): 1063~1079.

[7] Wu J J, Ma W H, Yang B. Boron removal from metallurgical grade silicon by oxidizing refining [J]. 中国有色金属学报 (英文版), 2009, 19 (2): 463~467.

[8] Wu J J, Li Y, Ma W H. Impurities removal from metallurgical grade silicon using gas blowing refining techniques [J]. Silicon, 2013, 6 (1): 79~85.

6 工业硅硅渣的处理技术

6.1 概　　述

硅渣一般是指工业硅炉外精炼过程中产生含有金属杂质和氧化物的渣。抬包吹气精炼工业硅时，底部的喷嘴系统按一定速率往硅熔体中吹入工业氧、压缩空气或混合气体，使硅中杂质转化为相应的氧化物，并在硅熔体表面形成漂浮的氧化膜硅渣[1,2]。无论是吹气精炼、造渣精炼或联合精炼，在抬包顶部和底部都会有相当数量的硅渣产生，大量的硅渣被工厂廉价出售或堆积处理（见图6-1），或用于铺路。这些硅渣中还含有至少15%的硅被遗弃处理，既造成土地资源的浪费，影响工业生产，同时又增加经济损失。硅渣的综合回收对整个硅冶金行业有

图6-1　工业硅渣堆积图

非常大的经济意义，目前已经有很多的学者在从硅渣中回收硅和切割废料的回收领域做了许多研究，但是成本仍比较高，工艺条件还是难以控制，导致现在工业硅行业仍有大量的工业硅渣在堆积，造成了资源浪费。

硅渣中硅与渣的熔化温度、密度、黏度等差别较大。金属硅熔点 1410℃，熔体密度 2.32~2.34g/cm³，黏度 0.7~0.9mPa·s[3,4]，在生产过程中由于渣的黏度较大，流动性较差，会包裹住部分金属硅，形成含金属硅的渣硅混合物。在惰性气氛的中频感应炉内，通过电磁力的诱导作用使硅液从硅渣熔体上部三角区域开始形成循环流动，底部的流动性较弱。硅渣熔体中渣相在循环流动中大部分被电磁力在侧壁捕捉，中心区域则富集硅渣中分离出来的硅，从而实现硅与渣的分离[5~8]。

羊实等人[9]研究了硅渣物理化学性质，成功发明了利用生成"微铝微钙硅铁"的方法处理硅渣，能够以简单的方法回收硅渣中有效成分金属硅，同时除掉硅中大部分杂质，使硅中各类杂质含量和结晶状态等达到工业硅要求。瞿仁静等人[10]研究了一种从工业硅渣中提取和分离硅的新方法，该方法以工业硅渣为原料，先通过造渣去除原料中的 Al_2O_3、CaO、FeO，然后配以辅料通过熔炼提取出硅渣中的硅，该方法简单可行，成本低，是硅行业提取分离硅渣中硅的新技术。谭毅[11]研制了一种多晶硅熔炼时利于硅渣分离的造渣剂，这种造渣剂能够降低渣硅分离时渣的黏度，提高硅渣分离效率。Sergiienko 等人[12]对砂浆切割废料中 Si 和 SiC 的回收进行了研究，结果从切割废料中回收了 95%的 SiC，4%的 Si 和 1%的 Fe。

硅渣在二次精炼过程中黏度大，流动性差，少量的金属硅不可避免与硅渣混合在一起，如图 6-2 所示。硅渣通常留在抬包底部，冷却后粉碎成小块，金属硅相（浅色区域）嵌入硅渣相（深色区域）中，表 6-1 为主要杂质相的化学组成。

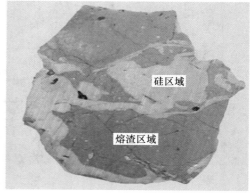

(a)　　　　　　　　　　　　　(b)

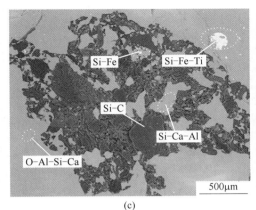 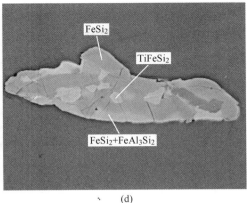

(c) (d)

图 6-2 硅渣微观形貌

（a）硅渣实物；（b）硅在渣中分布；（c）渣区域杂质相；（d）硅区域杂质相

表 6-1 主要杂质相的化学组成 （%）

区域	物相	杂质元素							
		Si	Fe	Al	Ca	Ti	O	C	其他
渣区域	Si-Fe	33.85	64.38						1.77
	Si-Fe-Ti	64.86	31.44			3.21			0.49
	Si-C	9.3						90.70	
	Si-Ca-Al	95.62		1.44	2.94				
	O-Al-Si-Ca	15.78		10.14	12.64		61.44		
硅区域	Si-Fe	63.32	30.47	6.20					
	Si-Fe-Ti	48.33	24.76	2.29		22.03			2.59
	Si-Fe-Al-Ca	40.44	21.33	31.36	4.07				2.8

大量的 Si、Fe、Al、Ca 和少量的 Ti 分布在硅渣中，主要以 Si-Fe、Si-Fe-Ti、Si-Fe-Al-Ca 和 O-Al 的金属间化合物存在。主要杂质相是 $FeSi_2$、$TiFeSi_2$ 和 $FeAl_3Si_2$，宋向阳等人[13]发现工业硅中 Si-Fe 杂质相为 $FeSi_{2.47}$，这与本实验的研究结果相似。渣区域中还检测到 C，在工业硅的二次精炼中，C 与 Si 形成 SiC 进入硅渣，部分 Si、Al 和 Ca 也被氧化并与硅熔体分离进入渣中。

6.2 工业硅硅渣的成分

6.2.1 硅渣微观形貌

将工业硅渣用金刚石线切割机切片，打磨处理后做微观形貌分析，分析结果如图 6-3 所示。

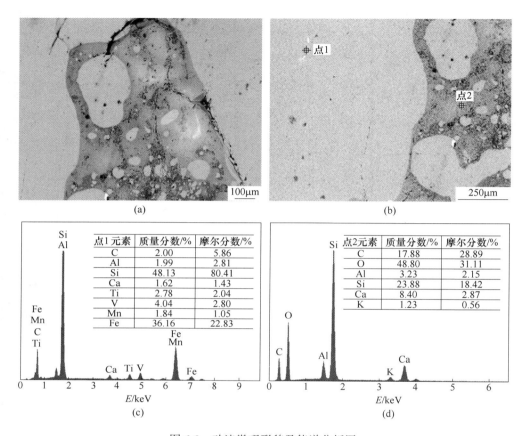

图 6-3 硅渣微观形貌及能谱分析图

（a）硅渣微观形貌；（b）硅渣能谱打点位置；（c）硅渣中渣相能谱分析；（d）硅渣中金属杂质相能谱分析

从图 6-3 可以发现，渣硅界面分层明显，并且颜色深度也有差别，其物相组成分别是浅灰色纯 Si 相、高亮 Si 中金属杂质相以及暗色渣相，对其中金属杂质相和渣相组成进行能谱分析。结果表明，金属杂质相由 C、Al、Si、Ca、Ti、V、Mn、Fe 等元素组成，其元素组成比成品工业硅中杂质相复杂，含量更高，Fe 含量占比 36.16%，Mn、V、Ti 含量都比工业硅中高很多，Ti、Fe 含量越高，杂质相越明亮，同时出现了 C 元素。渣相的主要组成元素是 Si、Fe、Al、Ca、C 和 O，分析应该是 SiC 和金属氧化物。

对整个硅渣原料做面扫分析，结果如图 6-4 所示。

与能谱分析结果相一致，硅渣主要成分为 Si、Fe、Al、Ca、Ti、K、Al、Ca，而 K、Al、Ca 成为主要组成元素，其间夹杂的 Si 相清晰可见，Ti、K 元素也较多，而且出现局部富集，少量的 Mg 元素夹杂出现，受仪器检测适用性及检测方法影响，结果中未出现 C、O 元素能谱。

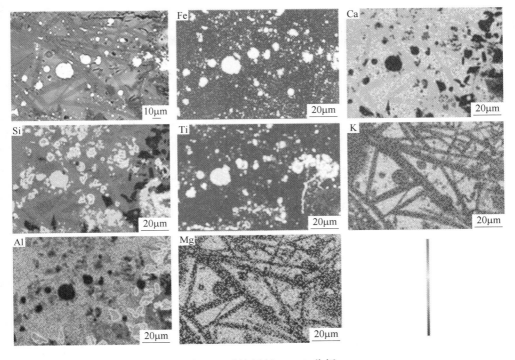

图 6-4　硅渣原料 EPMA 分析

6.2.2　硅渣热重分析

　　热重（TG）是原料样品在程序控制温度下测量样品物质质量与温度的关系。可以测定样品在不同的气氛下的热稳定性与氧化稳定性，可对分解、吸附、解吸附、氧化、还原等物化过程进行分析。差热（DSC）使原料样品处于一定的温度程序控制下，观察样品与参比物之间的热流差随温度变化过程，可对样品熔融与结晶过程、液相转变、反应温度与反应热焓进行分析。通过在氩气气氛条件，将温度升高到 1500℃ 左右，升温速率控制为 15℃/min 的实验条件下，对工业硅硅渣进行热重-差热分析，分析结果如图 6-5 所示。

6.2.3　硅渣物相分析

　　对硅渣原料进行 XRD 分析，分析结果如图 6-6 所示。

　　硅渣主要物相组成为 Si、SiC 和 Ca($Al_2Si_2O_8$) 的复合氧化物。SiC 是在硅石碳热还原时未完全燃烧的 C 与 Si 结合形成，而硅石中的 Al_2O_3 和 CaO 碱性氧化物与 SiO_2 结合成 Ca($Al_2Si_2O_8$)。

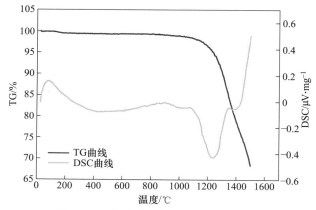

图 6-5 工业硅硅渣的 TG-DSC 分析曲线

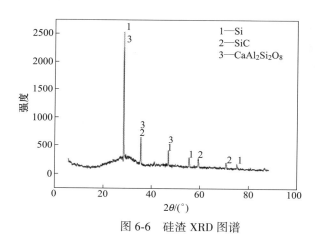

图 6-6 硅渣 XRD 图谱

6.3 硅渣中金属硅的分离与提纯技术

工业硅渣中金属硅的分离与提纯实验表明：在 1550℃ 的井式电阻炉中吹入氩气搅拌 2h 后，硅能从硅渣中得到有效分离；在功率为 15kW 的感应炉中利用 CaO-SiO_2-$CaCl_2$ 三元渣剂熔炼硅渣 60min 后，硅的回收率达到 96%，同时硅中杂质 Al 含量从 $9308.64 \times 10^{-4}\%$ 降低至 $174.92 \times 10^{-4}\%$，去除率达 98.1%；Ti 从 $807.48 \times 10^{-4}\%$ 降至 $143.11 \times 10^{-4}\%$，去除率达到 82.2%；B 和 P 的去除率分别为 66.6% 和 36.0%。

6.3.1 高温井式电阻炉中硅的分离技术

将工业硅渣破碎至小块状，每次实验前取料放入刚玉坩埚，体积约为坩埚体积的 2/3, 放入井式电阻炉, 设置电阻炉升温及降温程序后开始加热, 熔炼温度为 1500℃左右, 熔炼时间 1~3h, 炉底通有氩气保护。

6.3.1.1 氩气底吹直接分离

将破碎后的硅渣原料放于刚玉坩埚中, 将电阻炉程序中熔炼温度分别设置为 1410℃、1430℃、1450℃, 并按一定规律让电阻炉升温, 在氩气氛围中熔炼 1h, 让硅渣自然熔化进行硅回收实验, 结果如图 6-7 所示。

  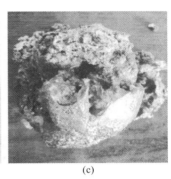

(a)   (b)   (c)

图 6-7 氩气底吹实验分离结果实物图
(a) 1410℃; (b) 1430℃; (c) 1450℃

工业硅熔点为 1420℃, 硅渣中含较多 Ca、Fe 等杂质氧化物和 Si 的碳化物, 故硅渣熔点要高于工业硅熔点, 在 1410℃温度下保温熔炼, 样品未熔化, 表面出现一层白色 Si 的氧化物。当熔炼温度达到 1430℃时, Si 开始熔化, 从实验样品分析, Si 熔化后再次与渣掺杂包裹在一起, 硅渣未完全熔化, 硅渣中熔化的 Si 往坩埚底部流动, 故样品顶部出现疏松多孔现象, 同时硅与渣未出现明显分离现象。在 1450℃温度下熔炼 1h, 硅和渣分离, 由于密度差异, 渣浮于顶部, 硅沉于底部, 顶部的渣相疏松多孔, 底部的硅相色泽光亮。顶部的渣相中仍然包裹了少量的 Si, 一部分是分离不完全, 一部分是不易熔化的 SiC, 故分离出 Si 数量较少, 这表明精炼温度和时间对硅渣分离效果有影响。但在 1450℃下的实验结果证明了硅渣分离的可行性和有效性。

6.3.1.2 氩气顶吹直接分离

氩气顶吹直接分离实验结果证明了硅与渣能分离从而实现硅的回收, 但是分离效果不理想, 熔体的流动性直接影响了分离效率, 故本实验试图在硅渣料熔化之后吹入氩气进行搅拌, 增加熔体的流动性, 使硅与渣分离更有效和彻底。为了使硅渣充分熔化同时增加熔体流动性, 将精炼温度设置为 1500℃, 保温 1h, 与前面不同的是，在保温熔炼期间，往熔体中吹入氩气搅拌，同时底部也吹入氩气保护炉内气氛，防止 Si 被氧化，吹氩气搅拌实验结果如图 6-8 所示。

图 6-8　实验效果（温度 1500℃保温搅拌 1h）

从分离效果看，渣仍浮于样品顶部，少部分围绕在硅周围沉积于硅和坩埚壁之间，渣中白色物质是 Si 被氧化成为 SiO 或 SiO_2，更多的硅被分离出来，硅和渣间有明显分解层。硅中仍夹杂了少量的渣未分离开，有金属色泽的硅相与黄色夹杂渣相交错分布。为了使分离效果更理想，继续升高熔炼温度到 1550℃，设置保温熔炼时间分别为 0.5h、1h 和 2h，继续吹氩气搅拌进行硅渣分离研究，得到如图 6-9 所示实验结果。

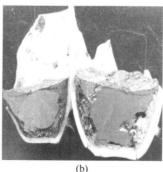

(a)　　　　　　　　　(b)　　　　　　　　　(c)

图 6-9　不同保温搅拌时间的渣硅分离效果
(a) 0.5h；(b) 1h；(c) 2h

观察熔炼结果发现：在此温度下吹氩气搅拌熔炼后，渣相主要分布在硅相顶部和两侧，此温度下，硅中的黄色夹杂物迁移至顶部，硅渣分离效果明显，而且熔炼时间越长，硅与渣分离越彻底，硅与渣间分离界面越明显。对比熔炼 1h 和 2h 实验结果，搅拌熔炼 2h 后，底部只出现很薄一层渣相，同时硅相与渣相都变得更致密，硅与渣几乎完全分离。通过比较不同条件的分离效果，发现升高熔炼温度和延长保温时间能够促进硅与渣更好地分离。

6.3.2 中频感应炉中硅的分离技术

由于硅和硅渣之间的熔化温度、黏度和界面张力的差异，电磁力对它们作用效果不同，惰性气氛下，硅中频感应炉中将金属硅与硅渣分离。研究表明，熔融硅表面具有最强的电磁力，集中在顶角并朝向中心的方向减小，洛伦兹力使熔融硅从顶部循环向底部流动，底部区域流动较弱，最初分散在硅中的颗粒随循环流体的流动并被捕获在坩埚侧壁上，大部分颗粒随着硅液移动到坩埚内表面区域，然后被黏性力捕获，形成熔渣区域。硅渣中金属硅的分离过程如图 6-10 所示。

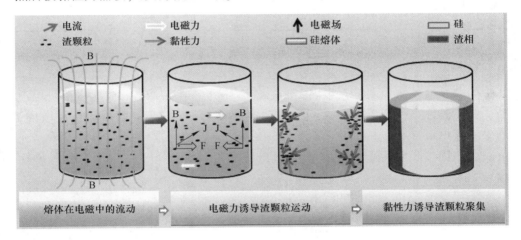

图 6-10 硅渣中金属硅的分离过程

实验前将其用球磨机破碎至 $200\sim300\mu m$ 细颗粒状。实验中用到造渣剂 CaO、SiO_2 和 $CaCl_2$，其纯度都在 99.9% 以上。在不加造渣剂进行硅渣分离实验中，直接称取 140g 硅渣作为原料，将其充分混匀后放入高纯石墨坩埚（内径 50mm，外径 60mm，高 120mm）中，之后放入真空电磁感应炉线圈中，线圈与石墨坩埚间填充保温棉增加保温效果，检查并关好炉子之后进行抽真空操作，抽真空至 $5\sim100Pa$ 后，再进行充氩气保护的操作，完成抽真空与充氩气后，调节中频感应炉功率，使感应炉升温速率为 2.5kW/4min（即每 4min 后将功率上调 2.5kW），降温速率也如此。控制熔炼功率分别为 12.5kW、15kW 和 17.5kW，控制电磁搅拌时间分别为 30min、45min 和 60min，做温度和时间变量实验。在加造渣剂进行硅渣分离实验中，料总重皆为 140g，其中硅渣原料 70g，造渣剂 70g，而实验方法和步骤与上面完全相同。具体实验条件见表 6-2。

表 6-2 感应炉内硅渣分离实验条件

序号	时间/min	功率/kW	Si/g	CaO/g	SiO$_2$/g	CaCl$_2$/g	渣系比	硅渣比
1	30	10	70	32.4	21.5	16.1	2:1.33:1	1:1
2	30	12.5	70	32.4	21.5	16.1	2:1.33:1	1:1
3	30	15	70	32.4	21.5	16.1	2:1.33:1	1:1
4	30	17.5	70	32.4	21.5	16.1	2:1.33:1	1:1
5	45	15	70	28	28	14	2:2:1	1:1
6	45	15	70	35	17.5	17.5	2:1:1	1:1
7	45	15	70	36.9	14.7	18.4	2:0.8:1	1:1
8	60	15	70	32.4	21.5	16.1	2:1.33:1	1:1
9	45	15	70	不加造渣剂				

　　图 6-11 所示为感应炉电磁搅拌熔炼后渣与硅的分离效果，可以看出渣相与硅相完全分离，分离出来的硅聚集在坩埚中心，而渣则分布在坩埚内壁。熔体中的硅在电磁力作用下在坩埚中心形成循环流，杂质颗粒则被推移至坩埚内壁，并在黏性力作用下聚集。当加热功率为 12.5kW 时，继续延长保温时间，渣中不再出现硅相。Jiang[14] 研究了 SiC 颗粒与硅的分离情况，结果发现，在电磁力作用下，SiC 颗粒往坩埚底部和顶部迁移，搅拌 45min，分离效率达到 89.3%。

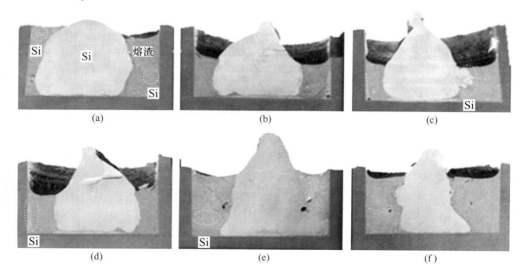

图 6-11 不同实验条件下硅渣分离效果

（a）保温 30min，功率 12.5kW；（b）保温 30min，功率 15kW；（c）保温 30min，功率 17.5kW；
（d）功率 15kW，保温 30min；（e）功率 15kW，保温 45min；（f）功率 15kW，保温 60min

6.3.3　硅渣中金属硅的提纯技术

根据高温井式电阻炉的分离实验结果，以及电磁感应熔炼炉回收工业硅渣中的硅流程简单、分离效率高和硅的回收率可观的优点，到云南某硅厂进行了中期试验，该厂设有熔分车间，装有两台感应炉，将手工捡回的硅渣料、边皮料、碎硅渣等混合加入感应炉进行熔炼，每台炉子日产 3t 左右的成品硅，其纯度稍低于抬包精炼成品硅，但是能达到销售标准。以下实验在熔分车间进行，以实验室取得数据为指导，买进 CaO（石灰）、SiO_2（石英砂）、$CaCl_2$ 渣剂，按比例混合进入原料中进行实验。整个熔分试验流程如图 6-12 所示。

图 6-12　工业上硅渣分离过程

将硅渣和少量的边皮料与 $32.4\%CaO$-$21.5\%SiO_2$-$16.1\%CaCl_2$ 的渣剂混合后加入感应炉，熔炼 $4\sim6h$ 后将硅液倒出铸锭，炉底和炉壁的残渣倒入渣池，同时让炉壁上包裹留下少量残渣，为下炉熔炼提升保温效果，待硅锭冷却后破碎、打包、出售。

此次记录了 5 次试验，共处理 3988kg 硅渣原料，回收得到 3279kg 成品硅。考虑过多的渣剂加入会增加熔体黏度，使流动性减小，影响分离效果，故此次试验中控制渣硅比为 10∶1~15∶1，表 6-3 为原料的加入量和硅产出数据。

表 6-3　不同原料添加情况下硅的产出率

原料/kg	分离的硅/kg	产出率/%
1173	950	81
1039	862	83
821	681	83
548	444	81
407	342	84

通过原料加入量和硅产出量，计算硅的回收率达到81%以上。同时对每批成品中 Fe、Al、Ti 和 P 含量进行检测，将 7 批成品中杂质含量变化情况整理如图 6-13 所示。

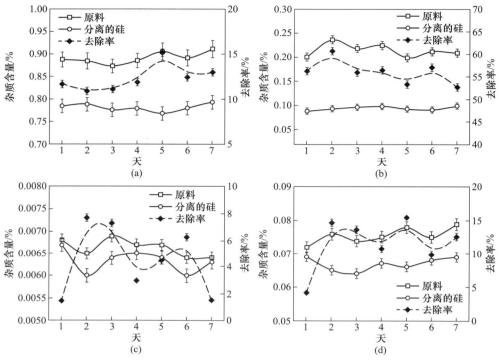

图 6-13　一周内从原料到回收硅中杂质含量变化
（a）Al；（b）Fe；（c）P；（d）Ti

数据表明，改变渣剂间配比和渣硅配比，对硅中杂质含量变化影响不大，但是相比于原料硅中的杂质含量，加熔渣精炼后，杂质含量明显降低。Al 的去除率达到80%以上，Ti 去除率在10%～15%之间，加入溶剂精炼对杂质 P 也有一定去除效果，其去除率在8%以上。在此次工业规模的试验中，已经实现了高回收率的硅回收，但是杂质 Ti 和 P 的去除效果远不如实验室效果好。多方面的因素影响此试验结果，尤其是渣硅配比，添加大量的渣剂会影响金属硅与渣分离，同时增加熔分炉负担，但是配比过小又会影响杂质去除效率，因此在熔分时加入少量的熔渣是可以实现渣与硅的完全分离，同时达到提纯硅的目的。

参 考 文 献

［1］弋文林. 工业硅夹渣水解及改进措施［J］. 轻金属，1995，7：39～40.

［2］Heuer M. Chapter two-metallurgical grade and metallurgically refined silicon for photovoltaics

[J]. Semiconductors Semimetals, 2013, 89: 77~134.

[3] 李小明, 李文锋, 王尚杰. 工业硅造渣提纯中硅与渣的熔分研究 [J]. 金属铸锻焊技, 2012, 41 (15): 22~27.

[4] 黄新明. 硅熔体的密度、表面张力和黏度 [J]. 物理, 1997, 26: 37~42.

[5] 田玥, 张立峰, 王升千. 高频电磁场分离硅液中非金属夹杂物的数值模拟 [C] //第十七届 (2013 年) 全国冶金反应工程学学术会议论文集, 2013: 878~884.

[6] Wu J J, Li Y L, Ma W H. Impurities removal from metallurgical grade silicon using gas blowing refining techniques [J]. Silicon, 2014, 6: 79~85.

[7] 陈德胜. 如何提高工业硅的产品质量 [J]. 轻金属, 2003 (5): 49~50.

[8] 单继周, 蒋元力, 曹国喜. 工业硅的生产工艺条件研究进展 [J]. 河南化工, 2011, 28 (3): 21~24.

[9] 羊实. 微铝微碳硅铁的生产方法: 中国, 02134168.0 [P]. 2002.

[10] 瞿仁静, 包稚群. 从硅渣中提取工业硅的工艺 [J]. 云南冶金, 2012, 41 (3): 83~88.

[11] 谭毅. 一种多晶硅介质熔炼时便于硅渣分离的造渣剂及其使用方法: 中国, 201310244836.1 [P]. 2013.

[12] Sergiienko S A, Pogorelov B V, Daniliuk V B. Silicon and silicon carbide powders recycling technology from wire-saw cutting waste in slicing process of silicon ingots [J]. Separation and Purification Technology, 2013, 133: 16~21.

[13] 宋向阳, 文建华, 马文会, 等. 凝固速度对工业硅中典型金属杂质赋存状态及其偏析规律的影响 [J]. 昆明理工大学学报 (自然科学版), 2019, 44 (4): 5~10.

[14] Jiang D C, Qin S Q, Li P T, et al. Electromagnetic separation of silicon carbide inclusions with aluminum penetration in silicon by imposition of supersonic frequency magnetic field [J]. Journal of cleaner production, 2017, 145: 45~49.